# 맛집
## 에서 만난

# 세계지리
# 수업

# 맛집에서 만난 세계지리 수업

기후 시민을 위한 한입에 쏙 지리 여행

초판 1쇄 발행 2024년 9월 10일

| | |
|---|---|
| 지은이 | 남원상 |
| 감　수 | 이두현 |
| 그린이 | 봉현 |
| 펴낸이 | 이영선 |
| 책임편집 | 이현정 |
| 교정교열 | 이현미 |

| | |
|---|---|
| 편집 | 이일규 김선정 김문정 김종훈 이민재 이현정 |
| 디자인 | 김회량 위수연 |
| 독자본부 | 김일신 손미경 정혜영 김연수 김민수 박정래 김인환 |

펴낸곳 서해문집 | 출판등록 1989년 3월 16일(제406-2005-000047호)
주소 경기도 파주시 광인사길 217(파주출판도시)
전화 (031)955-7470 | 팩스 (031)955-7469
홈페이지 www.booksea.co.kr | 이메일 shmj21@hanmail.net

ISBN 979-11-92988-85-6 43980

# 맛집 에서 만난

## 기후 시민을 위한
## 한입에 쏙 지리 여행

# 세계지리 수업

남원상 지음
이두현 감수

서해문집

인도와 동남아시아, 서아프리카에는 쥐를 요리해서 먹는 지역이 있어요. "그런 걸 어떻게 먹어!"라고 질색하는 사람도 있을지 모르지만, 그건 우리의 생각이죠. 그곳에선 옛날부터 내려온 전통 음식이고 지금도 별미로 여기는 사람이 꽤 많다고 하거든요. 태국에는 식용 쥐를 사육하는 농장이 따로 있을 정도고요.

사실 한국에도 외국인의 시각에서 보면 "그런 걸 어떻게 먹어!"라고 할 만한 음식이 꽤 많습니다. 산낙지가 그중 하나죠. 잘게 자른 낙지 조각들이 접시 위에서 꿈틀거리는 모습을 보며 "우아, 신선하네"라며 좋아하는 사람이 있는가 하면, "윽, 징그러워!" 하며 인상을 찌푸리는 사람도 있습니다.

세계 곳곳에는 독특한 음식이 무수히 많습니다. 살아가는 공간이 서로 다르고, 살아온 역사가 서로 다른 점이 식재료나 조리법, 맛에서 크고 작은 차이를 만들기 때문입니다. 음식은 그 지역

4

의 지형과 기후, 문화, 그리고 지역 주민들의 삶과 밀접하게 연관되어 있다는 이야기입니다. 다시 말해, 요리 한 접시에 인문 지리와 자연 지리가 모두 녹아들어 있다고 할 수 있죠. 지리를 먼저 이해하면 지역 음식을 제대로 맛볼 수 있습니다.

그런데 세상에는 맛있는 음식이 많아도 너무 많아요. 한국처럼 작은 나라 안에서도 뚜렷한 개성을 자랑하는 지역 음식이 아주 다양하잖아요. 그러니 세계에는 훨씬 더 신기한 음식과 그 음식에 담긴 특별한 지리 이야기가 헤아릴 수 없이 많겠죠? 그래서 이 책에서는 각 기후의 특징이 잘 반영된 먹거리를 꼽아 맛집 탐방을 하려고 합니다. 기후는 그 지역의 자연환경은 물론 먹거리를 비롯한 주민들의 생활 전반에 큰 영향을 끼치거든요.

알프스 하면 떠오르는 나라, 스위스의 퐁뒤만 해도 그렇습니다. 퐁뒤는 냄비에 치즈를 끓여 녹인 뒤 빵이나 고기를 찍어 먹는 음식이에요. 스위스의 고산 지대에선 농사를 짓기 어려워 젖소나 양을 키우며 유제품을 생산하는 낙농업이 발달했고, 치즈는 주민들의 주식이 되었는데요. 냉대 습윤 기후를 보이는 스위스의 산속 마을은 겨울이면 혹독한 추위와 폭설에 시달립니다. 기온이 너무 낮아서 채소를 재배할 수 없는 건 물론이고요. 교통이 발달하지 않았던 시절엔 산길이 눈으로 뒤덮여 프랑스, 이탈리아 등 주변의 따뜻한 지역으로 식량을 구하러 가지도 못했어요. 그래서 치즈와 빵을 미리 충분히 만들어 저장해 두고 겨울에 꺼내 퐁뒤를 만들어 먹었습니다. 오래 묵어 딱딱하게 굳어 있지만 끓이면 부드러워져 추운 날씨에 속을 따뜻하게 해 주거든요. 치즈는 열량이 높아서 살을 에는 추위를 견뎌 내는 데도 도움이 되었어요. 이처럼 기후에 따라 음식 재료며 조리법이며 맛이 달라지게 마련입니다.

탐방은 독일의 기후학자 블라디미르 쾨펜Wladimir Köppen이 정리한 '쾨펜의 기후 구분'을 기준으로 삼았습니다. 쾨펜은 어린 시절부터 유독 식물에 관심을 가졌다고 해요. 특히 지역마다 왜 서로 다른 종류의 식물이 자라는지 궁금해했습니다. 연구 끝에 기온이나 토양의 건조 상태가 비슷한 곳에서는 비슷한 종류의 식물이 자란다는 사실을 알아냈죠. 이 특징을 분류한 것이 바로 '쾨펜의 기후 구분'입니다. 기온과 강수량에 따라 크게 열대, 온대, 냉대, 한대, 건조와 같이 5대 기후로 나누고, 이를 다시 13개로 세분화했어요. 여기에 미국의 지리학자 글렌 트레와다Glenn Trewartha가 훗날 고산 기후를 추가했습니다. 높이 오를수록 기온이 떨어지는 산지의 특성을 반영한 기후입니다.

이렇게 총 14개의 기후 지역 중 빙설 기후를 제외한 13개 지역의 음식과 맛집을 찾아 세계여행을 떠나겠습니다. 빙설 기후는 왜 빼냐고요? 남극과 북극 일대에 해당하는 그곳은 1년 내내 온통 얼음과 눈으로 뒤덮여 사람이 살지 않습니다. 따라서 지역 음식이 없죠.

앞으로 소개할 음식 중에는 여러분이 먹어 봤거나 자주 접해서 익숙한 것들도 있을 거예요. 과거에는 해외여행을 가야 먹을 수 있었던 외국 음식을 이제는 한국에서도 맛볼 수 있으니까요. 그 음식의 조리 방식을 아는 외국인이 한국으로 이주해 오기도 하고, 그곳에서 만나는 식재료를 쉽게 수입해 오기도 하면서 먹거리가 점점 풍성해지고 있습니다. 하지만 이미 아는 음식이라도 어떠한 지리적 배경에서 탄생했는지 이해하고 먹으면 그 맛이 새롭게 느껴질 겁니다.

열대, 온대, 냉대, 한대, 건조 기후 지역에서 벌어지는 기후 변화와 음식 이야기도 함께 살펴보겠습니다. 지구 온난화로 기온이 계속 오르면서 많은 문제가 발생하고 있으니까요. 세계 각지의 먹거리는 심각한 영향을 받고 있어요. 기후 위기에 제대로 대처하지 않으면 그동안 맛있게 즐겨 온 많은 음식이 우리 식탁에서 곧 사라질지도 모릅니다. 또 세계 시민으로서 지금 상황을 바로 알아야 합니다. 평소 지리에 별로 관심 없더라도, 저처럼 음식 이야기에 눈이 번쩍 뜨이는 먹보라면 흥미진진한 여행이 될 거예요. 마지막 책장을 넘길 즈음 기후와 기후 변화에 빠삭해지는 건 덤이고요.

# 1 태양과 비가 만든 풍요로움
## 열대 기후 여행

## 2  사계절을 맛보는 법
### 온대 기후 여행

# 3 가장 삭막하지만 가장 역동적인
## 건조 기후 여행

# 4 얼음과 눈으로 덮인 땅
## 냉대 기후 여행

# 5 생존과 문명의 상징
## 한대·고산 기후 여행

# 이 책에서 여행할 나라

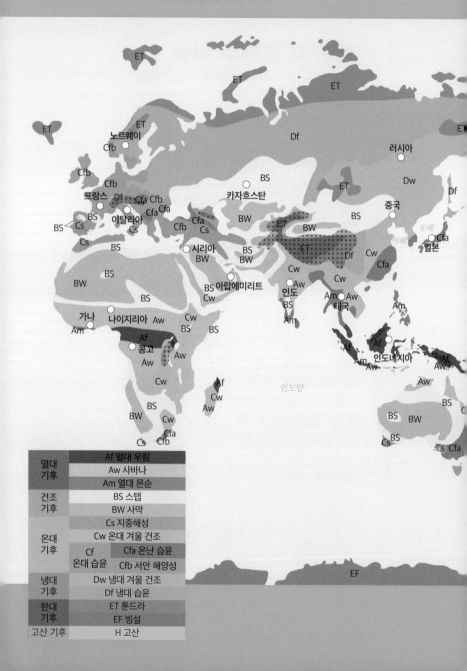

| 열대 기후 | Af 열대 우림 | |
|---|---|---|
| | Aw 사바나 | |
| | Am 열대 몬순 | |
| 건조 기후 | BS 스텝 | |
| | BW 사막 | |
| 온대 기후 | Cs 지중해성 | |
| | Cw 온대 겨울 건조 | |
| Cf 온대 습윤 | Cfa 온난 습윤 | |
| | Cfb 서안 해양성 | |
| 냉대 기후 | Dw 냉대 겨울 건조 | |
| | Df 냉대 습윤 | |
| 한대 기후 | ET 툰드라 | |
| | EF 빙설 | |
| 고산 기후 | H 고산 | |

©필립스국제학생지도(2014)

열대 기후 여행

1

# 궁극의 볶음밥 앞에 나타난 엘니뇨

## 열대 우림Af

## 인도네시아
## 나시고렝

눈부신 태양 아래 펼쳐진 에메랄드빛 바다. 초록 야자수가 바람결에 하늘거리는 모래 해변. 햇살에 몸을 맡기고 느긋하게 태닝을 즐깁니다. 좀 뜨겁다 싶으면 파도가 넘실대는 바다로 풍덩 뛰어듭니다. 헤엄을 치거나 서핑을 하며 물놀이에 흠뻑 빠지다 보면 더위는 어느새 온데간데없고 상쾌해집니다. 그렇게 실컷 놀다가 몸이 노곤해질 즈음 나무 아래 해먹에 널브러집니다. 새콤달콤한 망고나 파인애플주스를 마시며 갈증과 피로를 풀다가 소르르 낮잠이 듭니다.

　네, 휴양지는 바로 그런 맛에 찾는 거죠. 물론 사람마다 선호하는 여행 스타일은 다르지만요. 근사한 풍경이나 역사적인 명소를 열심히 찾아다니는 걸 좋아하는 사람이 있는가 하면, 바닷가나 호숫가에서 여유롭게 물놀이하며 바쁜 일상에 지친 몸과 마음을 달래는 사람도 있습니다. 그런데 기온이 조금만 낮아져도 이

**인도네시아 발리 해변**

**트갈랄랑 라이스 테라스** 발리에 있는 계단식 논이다. 각각의 논이 숲에서 나오는 물을 공평하게 배분하는 수로로 연결되어 있다. 야자수와 논이 함께 있는 이국적인 풍경으로 유명한 관광지다.

런 휴양 여행을 즐길 수 없죠. 물이 차가우면 들어가자마자 온몸에 소름이 돋잖아요. 물에서 나온 뒤엔 덜덜 떨리니까 따뜻한 실내로 후딱 피해야 합니다. 이래서야 어떻게 물놀이를 하겠어요. 세계적으로 유명한 휴양지들이 1년 내내 날씨가 더운 열대 기후 지역에 몰린 이유가 다 있답니다. 그중에서도 대표적인 곳이 인도네시아의 발리섬입니다.

발리는 인도네시아를 이루는 약 1만 8000개의 섬 중 하나입니다. 면적은 경기도의 절반 정도고요. 코로나 팬데믹 직전인 2019년에 1년 동안 이 섬을 찾은 외국인 관광객 수가 630여 만 명에 달했어요. 언제든 물놀이를 즐길 수 있는 아름다운 바다와 해변, 높은 화산, 계단식 논, 독특한 건축 양식의 힌두 사원 등 즐길 거리와 볼거리가 많기 때문입니다.

여기에 빼놓을 수 없는 여행의 재미가 또 하나 있죠. 바로 먹거리입니다. 그런데 한국인 입맛에는 향신료와 고수가 듬뿍 들어간 현지 음식이 잘 맞지 않는 경우도 적지 않다고 해요. 그래서 많은 관광객이 발리 여행에서 선택하는 메뉴가 바로 '나시고렝Nasi goreng'입니다.

# 나시고렝이 익숙한 이유

새우나 고기, 채소 등을 넣고 '맵단짠(맵고 달고 짠)' 양념을 입힌 맛깔스러운 갈색 볶음밥은 보기만 해도 입맛이 당깁니다. 반숙 프라이한 달걀노른자를 톡 터뜨려 고슬고슬한 밥에 비벼 먹으면 고소함이 배가 되죠. 향긋하고 알싸한 후추 향과 곁들여 나오는 바삭바삭한 새우 칩도 별미고요. 발리를 여행하는 한국인들에게 인기가 얼마나 높은지, 한국 기업에서 만든 '발리 나시고렝'이란 이름의 소스가 나와 있을 정도입니다.

사실 나시고렝은 발리만의 음식이 아닙니다. 인도네시아의 '국민 음식'이죠. 한국인에게도 꽤 익숙한 음식이고요. 동남아시아 요리 전문점에서만 맛볼 수 있는 게 아니라 마트나 편의점에 가면 간편식으로 나온 제품을 쉽게 구입할 수 있습니다. 다른 인도네시아 음식들은 아직 생소한 편인데, 유독 나시고렝은 한국인의 입맛을 사로잡았습니다. 이유가 뭘까요? 나시고렝이 한국인의 식탁에 빨리 정착할 수 있었던 것은 맛있기도 하지만 '볶음밥'이기 때문일 겁니다.

사람의 입맛은 생각보다 보수적이어서 맛과 향, 모양새가 낯선 음식에는 선뜻 손이 가지 않습니다. 이건 생존 본능이라고 할 수 있어요. 늘 먹던 것과 너무 달라 생소한 음식은 배 속에서 검

22

**나시고렝**

증된 적이 없잖아요. 미처 알지 못한 알레르기를 일으키거나 배탈이 날 수도 있고요. 그런데 인도네시아 말로 '나시'는 '밥', '고렝'은 '볶다'라는 뜻이에요. 인도네시아어는 한국어와 달리 수식어가 명사 뒤에 따라붙어, 나시고렝을 번역하면 '볶음밥'이 됩니다. 볶음밥은 집밥이든 외식이든 한국인의 밥상에 자주 오르는 음식이죠.

나시고렝은 양념이나 재료가 조금 색다르긴 하지만 한국인에게 낯설지 않은 볶음밥 종류라서 다른 현지식에 비해 비교적 친숙하게 받아들여지고 있습니다.

한국의 볶음밥은 중국 음식인 '차오판炒饭'에서 비롯했다고 알려져 있어요. 전통 음식과 관련된 자료를 찾아봐도 밥을 기름에 볶는 조리 방식은 기록된 바가 없거든요. '차오판'도 중국어로 '볶음밥'이란 뜻입니다. 나시고렝 또한 볶음밥처럼 중국 차오판에 뿌리를 둔 음식이고요. 말하자면, 한국 볶음밥과 인도네시아 나시고렝은 사촌간이라고 볼 수 있죠.

## 해상 교류와 침략의 흔적

인도네시아에서 차오판을 먹기 시작한 것은 꽤 오래전으로 보입니다. 섬나라인 인도네시아는 서쪽이 인도양에, 동쪽이 태평양에 걸쳐 있어요. 동아시아와 서아시아를 잇는 바닷길의 길목에 자리해 일찍부터 해상 교류가 활발했습니다. 서쪽으로는 인도와 중동, 동쪽으로는 중국 무역상이 후추, 정향, 육두구 등 인도네시아의 향신료를 사러 자주 드나들었어요. 이런 향신료를 생산하는 나무들은 주로 비가 많이 오고 더운 지역에서 잘 자랍니다. 특히

**인도네시아에서 생산되는 다양한 향신료** 가운데 있는 타원형 열매가 육두구다. 위장약으로 주로 사용되었다.

**정향을 말리는 인도네시아 여성**
정향은 자극적이지만 달콤한 향이 나며, 방부 효과와 살균력이 뛰어나다.

후추는 옛날에 화폐처럼 쓰일 정도로 아주 귀한 대접을 받았어요. 그래서 외국 상인들이 후추를 구하러 배를 타고 인도네시아 열도 구석구석을 찾아다녔습니다.

이처럼 향신료는 무더운 날씨 덕분에 얻은 보물이었지만, 좀 더 세월이 흐른 뒤엔 오히려 커다란 재앙을 가져옵니다. 유럽인들이 값비싼 향신료를 약탈하기 위해 침략했기 때문이죠. 결국 인도네시아는 350년 동안이나 네덜란드의 식민 지배를 받았습니다.

오랜 세월에 걸친 해상 교류와 침략으로 인도네시아 음식 문화에는 인도, 중동, 중국, 유럽 등 여러 나라의 색깔이 고루 반영되었습니다. 음식뿐 아니라 인종이나 종교가 다양한 것도 같은 이유입니다. 중국의 옛 역사책을 보면 중국과 인도네시아의 무역은 무려 1세기까지 거슬러 올라간다고 해요. 인도네시아의 여러 섬에 3~7세기 것으로 추정되는 중국 도자기가 발굴되는 등 고대 중국인의 흔적이 남아 있기도 하고요. 15세기 이후에는 아예 중국인들끼리 모여 사는 지역이 생겨나기도 했죠. 그러면서 차오판도 인도네시아 음식 문화에 깊이 파고들었어요. 하지만 맛과 향이 중국 본토와 달라지면서 차오판이 아닌 나시고렝으로 거듭났습니다. 기후가 다르나 보니 구할 수 있는 식재료도 달랐기 때문이죠.

나시고렝은 중국 이주민의 음식에서 비롯했지만, 인도네시아 곳곳의 여러 원주민도 매일 즐겨 먹었습니다. 덥고 습한 날씨에 아주 적합한 음식이었거든요. 어떤 사연인지 지금부터 차근차근 살펴볼게요.

## 비 내리는 더운 숲에서
## 사는 법

적도 부근에 자리한 인도네시아는 국토 대부분이 열대 기후에 속합니다. 지역별로 강수량이 조금씩 달라 열대 사바나, 열대 몬순 기후에 속하는 곳도 있지만, 열대 우림 기후에 해당하는 지역이 가장 넓습니다. '열대熱帶'는 '뜨거운 지대', '우림雨林'은 '비가 내리는 숲'으로 풀이할 수 있어요. 그러니까 기온이 높아 더우면서 비가 많이 내려 수풀이 울창하게 자라나는 기후를 가리킵니다. 한국의 한여름 풍경을 떠올리면 쉽게 이해할 수 있을 거예요. 무더위가 극심할 때 사람들은 축 처지지만 나뭇잎과 풀은 짙은 초록색을 띠며 무성하게 자라잖아요. 다 그런 것은 아니지만, 많은 종류의 식물이 기온과 습도가 높은 환경에서 무럭무럭 잘 자라거든요.

인도네시아의 열대 우림

열대 우림 기후 지역에선 이파리가 널찍한 상록 활엽수를 많이 볼 수 있어요. '상록常綠'은 '항상 초록색'이란 뜻이에요. 이름처럼 1년 내내 새잎이 돋아 나무가 푸릅니다. 그리고 계속 성장하죠. 그래서 이 지역에는 키가 50~60m에 이르는 커다란 나무가 많고 아주 울창한 숲이 들어서 있습니다.

쾨펜은 최한월, 즉 1년 중 가장 추운 달의 평균 기온이 18℃를 넘으면 열대 지역에 속한다고 봤습니다. 한국의 5월 평균 기온과 비슷합니다. 아울러 1년 동안 내리는 비의 양이 2000mm가 넘고, 매월 강수량이 60mm 이상일 정도로 비가 줄곧 많이 내리면 수풀이 빽빽하게 자라는 '우림'에 해당한다고 분류했어요.

그렇다고 온종일 비만 오는 건 아닙니다. 아침부터 태양이 뜨겁게 내리쬐며 후텁지근하다가, 오후에는 '스콜squall'이라는 소나기가 세차게 퍼부은 뒤 날이 개면서 다시 기온이 올라가는 식이죠. 이 지역에선 해가 진 뒤에도 좀처럼 시원해지지 않는 탓에 열대야를 겪는 날이 많습니다. 한국의 한여름 '찜통더위'가 열대 우림 기후 지역에선 일상인 셈입니다.

그래서 이 지역 주민들의 의식주衣食住는 사계절이 있는 우리와 다른 점이 많습니다. 우선 옷차림을 보면, 우리의 여름옷처럼 가볍고 얇은 천으로 만든 의상이니 맨살이 많이 드러나는 스타일을 선호하죠. 몸에 바람이 잘 통하게 해서 체온을 조금이라도 낮

**인도네시아 술라웨시섬의 전통 가옥** 통코난Tongkonan이라고 부른다. 높이 솟은 지붕과 기둥으로 바닥을 땅에서 멀리 띄운 것을 볼 수 있다.

쳐 더위를 이겨 내려는 것입니다.

　비가 워낙 많이 내리는 인도네시아에선 지붕이 'ㅅ'자로 뾰족하게 솟아오른 전통 집들을 볼 수 있어요. 빗물이 지붕 위에 고일 틈 없이 가파른 경사를 타고 땅으로 빨리 떨어져 집 안으로 비가 새거나 천장이 무너지지 않게 하려는 것입니다. 또 땅 위에 튼튼

한 기둥을 세우고 집의 바닥 면을 지탱하도록 해서 주거 공간이 지면보다 높은 곳에 있는 '고상가옥'에서 살았습니다.

고상가옥高床家屋은 '높은 마루의 집'이란 뜻이에요. 집의 마룻바닥이 높이 올라가 있다는 거죠. 요즘 아파트나 빌라에서 흔히 볼 수 있는 필로티 구조와 비슷합니다. 이런 집은 갑작스러운 장대비로 홍수가 나도 물에 쉽사리 잠기지 않습니다. 땅에서 올라오는 열기나 습기의 영향을 덜 받아 좀 더 시원하죠. 해충이 집 안으로 들어오는 것을 막아 주기도 하고요.

한국에서도 한여름이면 온갖 벌레가 득실거리잖아요. 곤충에겐 덥고 습한 날씨가 살기에 딱 좋은 환경이어서, 열대 우림 기후 지역이 천국이나 다름없습니다. 그래서 집을 지을 때 해충을 피하는 것도 중요하게 고려한 거예요.

## 열대 우림 기후가 낳은 '맵단짠'

이처럼 열대 우림 기후 지역 사람들의 옷과 집은 높은 기온 및 습도를 이겨 내는 데 중점을 두었습니다. 음식도 마찬가지고요. 세균과 곰팡이 등 미생물도 덥고 습한 환경을 무척 좋아합니다. 우리나라에서도 여름철이면 음식이 쉽사리 상하고 식중독에 걸리기 쉬운데, 1년 내내 무더운 인도네시아는 오죽할까요. 인도네시아 사람들도 우리처럼 쌀을 주식으로 먹는데요, 냉장고 같은 게 없던 옛날엔 먹다 남은 쌀밥이 금세 쉬어 아깝게 버리는 경우가 허다했습니다. 그런데 차오판처럼 찬밥과 반찬을 볶으면 알뜰하게 다 먹을 수 있었어요. 이것이 소문나자 인도네시아의 다른 여러 민족도 따라 했죠. 저녁 식사 때 남긴 밥과 반찬을 다음 날 볶아서 만든 인도네시아식 볶음밥, 나시고렝을 아침 식사로 먹기 시작한 것입니다.

이야기를 시작하면서 나시고렝 맛을 '맵단짠'이라고 소개했죠. 그 이유는 지역마다 혹은 집집마다 식재료와 조리 방식이 다르긴 하지만, 밥을 볶을 때 넣는 케찹 마니스kecap manis나 삼발 테라시sambal terasi라는 양념이 맵고 달고 짠맛을 내기 때문입니다. '케찹'은 인도네시아 말로 '간장'이고, '마니스'는 '달콤하다'란 뜻이에요. 따라서 '케찹 마니스'는 '단맛이 나는 간장'입니다. 한국의 간장처럼 콩을 발효시킨 양념장인데, 열대 지역에서 많이 나는 야자당(야자나무꽃에서 뽑아낸 감미료)이 들어가 달고 짜면서 끈적끈적합니다.

삼발 테라시는 새우젓이나 생선 젓갈을 넣어 감칠맛과 짠맛을 내는 매콤한 고추 양념입니다. 동남아시아에선 기후의 특성상 해

**삼발 테라시** 재료로 사용된 새우와 고추가 그려져 있다.

산물이 상하기 쉬워 소금에 절여 젓갈류로 만들어 양념에 활용했습니다. 더운 날씨에 잘 자라는 고추는 원래 남아메리카가 원산지인데요, 대항해 시대에 유럽 상인들이 가져왔다가 남아메리카와 비슷한 인도네시아 기후에도 잘 적응해 널리 퍼졌습니다. 지금은 매운맛을 즐기는 인도네시아 사람들에게 중요한 식재료죠. 그러니까 이런 양념들이 어우러져 나시고렝 특유의 '맵단짠' 맛을 내는 것입니다.

이처럼 자극적인 맛을 좋아하게 된 이유도 기후에서 찾을 수 있습니다. 여름에 너무 더우면 "입맛이 없다"거나 "입맛이 떨어졌다"라는 말을 곧잘 하잖아요. 이런 말을 하는 데는 그저 기분 탓이 아니라 과학적인 이유가 있습니다. 인간은 항온동물이어서 일정한 체온을 유지하기 위해 몸 안에서 계속 에너지를 소모합니다. 체온이 급격하게 높아지거나 낮아지면 목숨이 위태롭거든요. 그런데 날씨가 더우면 체온을 높일 필요가 없어 에너지 소모량도 덩달아 적어집니다. 우리가 먹는 음식이 바로 에너지 공급원인데, 몸이 에너지를 잘 쓰지 않으면 음식도 덜 필요해져 자연스레 식욕이 떨어지는 것입니다. 입맛이 없으니 더 자극적인 맛을 찾게 되고, 그래서 더운 지방에선 나시고렝처럼 '맵단짠' 음식을 선호합니다.

## 세계 4위 쌀 생산국의 쌀값이 치솟고 있다?

인도네시아에는 나시고렝 말고도 나시파당, 나시참푸르, 나시우둑, 나시바카르 등 이름에 '나시'가 들어간 밥 위주의 요리가 무척 다양합니다. 인도네시아가 세계 4위 쌀 생산국이라는 사실과 무관하지 않죠.

쌀은 벼의 열매인데, 벼는 상당히 까탈스러운 작물입니다. 물이 충분히 공급되고, 햇볕이 잘 들고, 기온이 높아야 열매를 맺습니다. 그래서 한국에서는 봄에 모내기를 하고, 여름철 장마와 무더위 속에서 벼가 무럭무럭 자라, 가을에 여물면 수확해요.

그런데 한 해 내내 비가 충분히 내리고 덥기까지 한 인도네시아에선 1년에 두 번이나 세 번까지도 벼를 재배(기작) 가능해서 쌀을 많이 생산할 수 있었습니다. 벼농사에 유리한 기후 덕택에 인도네시아 사람들의 식단에서 쌀은 가장 중요한 식품이 되었고, 쌀로 만든 나시고렝은 '국민 음식'으로 자리 잡았죠.

생산량이 어마어마해서 쌀이 남아돌지 않을까 싶지만, 오늘날 인도네시아는 쌀 수입국입니다. 인구가 약 2억 8000만 명에 이르는 데다 주민의 쌀밥 선호도가 워낙 높아서 쌀 소비량이 생산량을 훨씬 압도하기 때문이죠. 최근 들어서는 쌀이 부족한 정도가 더욱 심해지고 있어요. 엘니뇨 현상 때문입니다.

엘니뇨El Niño는 '아기 예수'라는 뜻의 스페인어인데요, 크리스마스 시즌인 12월 말 태평양 동쪽 바다의 수온이 높아지는 현상에서 비롯된 이름입니다. 오늘날 지구에선 과도한 탄소 배출 등이 일으킨 온난화로 많은 문제가 발생하고 있죠. 여기에 엘니뇨까지 더해지면 기온이 더욱 올라갑니다. 인도네시아에선 엘니뇨의 여파로 더위가 심해지는 것은 물론 가뭄까지 들고 있습니다.

**엘니뇨로 말라붙은 인도네시아의 논**

　앞서 살펴본 것처럼 벼는 강수량이 충분히 뒷받침되어야 잘 자라는데 가뭄이 자주 발생하면서 논이 말라 버려 인도네시아의 쌀 생산량이 크게 줄었습니다. 벼농사를 망치는 일이 잦아지자, 농부들이 옥수수처럼 건조한 환경에 잘 견디는 다른 작물을 대신 심으면서 쌀 부족 사태가 더욱 악순환에 빠졌습니다.

　이처럼 공급이 크게 떨어졌는데 수요는 여전히 높아 인도네시아의 쌀값이 치솟고 있습니다. 쌀밥은 인도네시아 사람들의 주식이기 때문에, 쌀값 폭등은 결국 물가 불안의 요인이 됩니다. 물가 불안은 특히 서민들의 생계에 큰 타격을 입히죠. 그래서 수입량을 계속 늘리고 있지만, 이것도 근본적인 해결책이 되지는 못할 것으로 보입니다. 이상 기후 탓에 쌀 생산량이 감소한 건 인도네시아뿐만이 아니거든요.

주요 쌀 수출국인 인도도 기후 변화로 폭우와 가뭄이 자주 발생해 수확량이 크게 줄고 있습니다. 인도 내에서 쌀 가격이 크게 올라 민심이 흉흉해지자, 인도 정부는 최근 쌀 수출을 제한하고 나섰어요. 베트남 등 다른 나라들도 엘니뇨로 인해 쌀 생산량이 감소하자 수출 물량을 줄이겠다고 밝혔고요. 비싼 돈을 지불해도 쌀을 수입하지 못하는 상황이 발생할 수 있는 거죠.

벌써부터 인도네시아 식당가에선 쌀밥이 들어간 음식의 가격을 올리거나 비중을 줄이는 변화가 나타나고 있습니다. 쌀값에 부담 없이 사 먹을 수 있어 서민들의 대표 외식 메뉴로 꼽히는 나시고렝도 그 여파를 피해 가지 못했어요.

인도네시아의 수도 자카르타에서는 나시고렝 노점상이 값을 올리는 대신 제공하는 양을 줄였다는 뉴스가 보도되었습니다. 가격을 인상하면 손님들이 곧바로 일아자리니 이런 방식으로 수익을 유지하는 것입니다. 이른바 '슈링크플레이션shrinkflation'이라고 하죠. 영어로 '줄어들다'라는 뜻의 '슈링크shrink'와 '물가 상승'이란 뜻의 '인플레이션inflation'을 합친 말인데, 가격은 그대로 두되 크기나 중량을 줄여서 사실상 가격 인상과 같은 효과를 보는 판매 방식을 가리킵니다.

인도네시아의 노점상들은 거대한 프라이팬에 나시고렝을 산더미처럼 요리해 두고 손님이 오면 푸짐하게 담아 주는데, 쌀값이 계속 오른다면 그런 넉넉한 풍경도 보기 어려워지겠죠. 인도네시아의 '국민 음식'이 기후 변화로 인해 흔들리고 있습니다.

# 폭우와 가뭄을
## 견뎌 낸
# 수프

사바나Aw

**태국**
**똠얌꿍**

제가 난생처음 밟아 본 외국 땅은 바로 태국입니다. 어린 시절 부모님과 함께 패키지 가족여행으로 태국의 수도 방콕과 바닷가 휴양지 파타야를 다녀왔는데, 아주 오래전 일이지만 첫 해외여행이어서인지 사소한 것까지 생생하게 기억납니다.

우선 방콕 시내에서 둘러본 왕궁이나 불교 사원의 규모가 워낙 크고 화려해서 입이 떡 벌어졌죠. 망고와 몽키 바나나를 처음 먹어 보고는 세상에 이렇게 맛있는 과일이 있구나 싶어 놀랐답니다. 방콕의 젖줄인 짜오프라야강에서 유람선을 탈 땐 어디선가 고기 굽는 고소한 냄새가 진동해 입맛을 다셨죠. 강변의 불교 사원 화장터에서 시신 태우는 냄새라는 것을 알고는 기겁했지만요.

파타야 바다에선 보트에 줄을 매달고 패러글라이딩을 하며 하늘을 나는 아찔하고 짜릿한 경험을 했어요. 보트 운전기사가 장

**짜오프라야강** 태국의 인력과 물자가 이동하는 교통로다. 쌀, 과일, 야채 등을 실은 크고 작은 배와 다양한 유람선이 끊임없이 움직인다.

**왓 프라깨우** 태국의 수도 방콕에 있는 왕궁 사원이다. 황금색과 화려한 벽화로 장식되어 눈길을 사로잡는다.

난치면서 바닷물에 몇 번이나 떨어뜨려 심장이 쿵 내려앉으면서도 스릴이 넘쳐 신나게 환호성을 질렀습니다.

먹보인 저에겐 외국에서 처음 맛본 음식들도 잊을 수 없는 추억으로 남았답니다. 패키지여행이라서 주로 한식당이나 중식당에서 식사하다가 방콕의 해산물 레스토랑 '로열드래건'에서 현지 음식을 만났어요. 이 음식점은 2022년에 폐업했는데, 한때 세계에서 가장 큰 식당으로 기네스북에 오르기도 했습니다. 규모가 얼마나 큰지 종업원들이 롤러스케이트를 타고 달리며 음식을 서빙하는 모습이 무척 인상적이었죠.

거기서 태국의 대표적인 국물 요리 '똠얌꿍'을 먹었습니다. 큼직한 새우가 통째로 들어간 뻘건 국물이 언뜻 짬뽕처럼 보이는데 맛은 전혀 달랐어요. 시큼하면서 매콤하고 짭짤하면서 달달하고 고소했거든요.

가이드 아저씨가 "태국에서 제일 유명한 요리"라고 설명했지만, 부모님과 다른 관광객들은 이상한 향이 난다며 한입 맛보곤 끝이었죠. 평소 새우를 워낙 좋아하는 저는 국물의 낯선 맛과 향이 어쩐지 입맛에 잘 맞아 혼자 열심히 먹었습니다. 사실 맛도 맛이지만, 음식 이름이 독특해서 더 기억에 남았어요.

# 비옥한 삼각주가
# 꽃피운 식문화

인도차이나반도와 말레이반도에 걸쳐 있는 태국의 영토는 남북으로 길게 뻗은 모양입니다. 면적은 한국의 다섯 배에 달하죠. 국토의 모양이 코끼리 얼굴을 닮았는데요, 말레이반도에 자리한 남부 지방의 좁고 긴 땅 모양이 코끼리 코에 해당한다고 해요. 한국에서 휴양지로 인기 높은 푸껫이 이 남부 지방에 있습니다. 우연의 일치인지 모르겠지만, 코끼리는 태국을 상징하는 동물이기도 해요. 아무튼 태국은 영토의 넓이나 모양새의 특성상 지역마다 다양한 민족이 살고 저마다의 문화가 발달한 나라입니다.

음식도 마찬가지예요. 중부, 북동부, 북부, 남부 지역의 지리적 조건이 달라서 음식 맛도 차이가 납니다. 가령 적도에 더 가까워 날씨가 무덥고 말레이시아에 인접한 남부 지역에선 각종 요리에 코코넛밀크와 강황을 많이 넣는다고 해요. 코코넛 열매를 맺는 코코스야자가 무더운 기후에서 잘 자라기 때문에 쉽게 구할 수 있고, 일찍부터 바다 건너 인도와 교류하면서 강황처럼 강한 향신료를 선호하게 된 말레이시아 음식의 영향을 받은 결과입니다. 반면, 기후가 서늘하고 건조한 북부 고원 지대에서는 코코스야자가 자랄 수 없어 이 지역에서 많이 재배되는 마늘을 즐겨 먹는다

미얀마

치앙마이 ●

라오스

태국

방콕 ●

캄보디아

베트남

타이만

■ 짜오프라야강 유역

**짜오프라야강 유역** 북쪽은 완만한 평원, 남쪽은 삼각주로 이루어져 있다.

고 합니다.

똠얌꿍은 원래 태국의 중부 지역에서 비롯한 음식입니다. 중
부 지역은 짜오프라야강을 비롯한 여러 하천이 남쪽의 타이만으
로 흘러가며 삼각주가 발달했어요. 삼각주는 강물에 휩쓸려 온
퇴적물이 바다나 호수로 나가는 지점에 쌓여 만들어지는 평평한
지형인데요, 충분한 물과 영양분 가득한 흙이 계속 공급되어 땅
이 비옥합니다. 그래서 삼각주 일대는 농사를 짓기에 유리해 곡

창 지대를 이루고 인구가 밀집해 큰 도시가 형성되기도 하죠. 한국의 낙동강 하구에도 삼각주가 발달해 김해평야가 펼쳐져 있고 부산, 김해 등 도시가 들어섰습니다. 세계 4대 문명의 발상지 중 하나인 이집트 문명도 나일강 삼각주에서 비롯했고요.

태국 중부의 짜오프라야강 유역 또한 세계적인 쌀 생산지입니다. 풍부한 식량 자원을 바탕으로 일찌감치 나라의 사회적, 경제적, 문화적 중심지가 되었죠. 먹거리가 넉넉할 뿐만 아니라 짜오프라야강의 물길을 활용해 배로 사람이나 물건을 실어 나르는 수운이 발달한 것도 중부 지역으로 사람과 물자가 몰리는 배경이 되었습니다. 수도 방콕이 바로 이 삼각주에 자리하고 있어요. 수도가 방콕으로 옮겨 가기 전에 400여 년 동안 태국의 수도였던 아유타야도 중부 지역에 속합니다. 이런 배경에서 화려한 식문화가 발달하고 똠얌꿍이 탄생해 전국 각지로 확산된 것입니다.

## 사바나 기후 덕분에 얻은 남쁠라

태국의 음식 이름은 조리법, 맛, 재료를 나타내는 단어를 이어 붙여 만들어진 경우가 많습니다. 똠얌꿍은 태국 말로 '끓이다'라는 뜻의 '똠', '다양한 맛이 나는 무침'이라는 뜻의 '얌', '새우'를 뜻하

**똠얌꿍**

는 '꿍'이 합쳐진 이름입니다. 그러니까 다양한 맛이 나도록 양념해서 팔팔 끓여 낸 새우 국물 요리인 셈이죠. 그 이름처럼 똠얌꿍에는 주재료인 새우와 더불어 레몬그라스, 카피르 라임 잎, 라임즙, 고추, 고수, 민트, 갈랑가(동남아시아에서 나는 생강), 야자당, 코코넛밀크 등 열대 기후에서 많이 나는 여러 향신료가 들어가요.

하지만 뭐니 뭐니 해도 음식은 간이 중요하죠. 똠얌꿍의 다채로운 맛 중에서 짠맛을 담당하는 건 태국식 생선 젓갈인 남쁠라입니다. 멸치 등 생선을 소금에 푹 절여 발효시킨 갈색 빛깔의 젓갈인데요, '남'은 태국어로 '물', '쁠라'는 '생선'을 의미합니다. '생선 물'이라는 뜻의 이름처럼 건더기를 완전히 걸러 내 액체 상태로 만든 액젓입니다. 남쁠라는 태국 요리의 필수 양념으로 꼽히죠. 완성된 요리에 취향대로 간을 할 때도 넣고요. 소금처럼 단순히 짠맛만 나는 것이 아니라 생선이 발효되면서 감칠맛이 풍부해져 많은 요리에 사용됩니다. 태국 음식점에 가면 테이블 한편에 식초, 고추 양념 등과 함께 남쁠라가 놓여 있는 걸 쉽게 볼 수 있어요.

젓갈은 수산물을 오랫동안 보존해서 먹을 수 있는 식재료입니다. 젓갈을 만들려면 소금이 무척 많이 필요한데요, 태국 중부의 타이만에 접한 해안 지역에서는 천일염이 풍부하게 생산됩니다. 천일염은 바닷물을 말려서 얻기 때문에 햇볕이 강하게 내리쬐고 날씨가 건조해야 합니다. 똠얌꿍이 탄생한 태국 중부는 사바나 기후 지역이라서 바닷가에 염전이 발달하기에 유리했어요.

태국은 말레이반도에 자리한 남부를 제외하면 대부분 지역이 사바나 기후입니다. '사바나'는 북아메리카 원주민의 언어 '자바나'에서 비롯된 말로, 나무가 없는 초원을 뜻한다고 해요. 그 표현처럼 사바나 기후 지역에서는 키가 큰 풀이 들판을 뒤덮은 풍경을 볼 수 있습니다. 나무는 별로 크지 않고 듬성듬성 나 있어요. 높다란 상록 활엽수가 울창하게 숲을 이루는 열대 우림 기후 지

너른 사바나 지대를 볼 수 있는 태국의 카오야이 국립 공원

역과는 확연히 다르죠.

열대 우림 기후 지역에선 1년 내내 비가 내리는 반면, 사바나 기후 지역에선 비가 많이 내리는 우기와 비가 거의 오지 않아서 건조한 건기가 뚜렷하게 구분됩니다. 건기에는 식물이 성장하는 데 꼭 필요한 물이 부족하죠. 풀은 건조한 땅에서도 오래 버틸 수

있지만, 잎이 많이 달려 수분을 계속 증발시키는 활엽수는 그럴 수 없으니, 식생에 차이가 나는 것입니다.

이처럼 건기와 우기가 나뉘고, 가장 추운 달의 평균 기온이 18℃를 넘으며, 1년에 900~1800mm 정도의 비가 내리면서 가장 건조한 달의 강수량이 60mm를 넘지 않는 기후를 사바나 기후로 분류합니다. 연 강수량이 2000mm 이상인 열대 우림 기후에 비하면 비가 덜 내리죠. 중부에 자리한 수도 방콕은 가장 추운 12월에도 평균 기온이 25℃이고, 한낮에는 보통 30℃까지 오릅니다. 연 강수량은 1500mm 정도라서 사바나 기후의 조건을 갖추고 있죠. 대략 우기는 5~9월, 건기는 12~2월로 보는데 12월과 1월의 평균 강수량은 각각 10mm와 9mm에 불과합니다. 서울에서 가장 건조한 1월에도 눈이나 비가 내리는 양이 월평균 16.8mm라는 사실을 감안하면, 방콕의 건기에 비가 얼마나 조금 오는지 짐작할 수 있습니다. 참고로, 건기는 태국을 여행하기에 가장 좋은 시기입니다. 날씨가 화창하고 따뜻하면서 습도가 낮아 쾌적하거든요.

사바나 기후의 건기 덕분에 얻은 소금과 타이만 및 중부 하천의 풍부한 수산물 덕택에 태국에선 일찍부터 젓갈 문화가 발달했어요. 짭조름하고 감칠맛이 풍부한 남쁠라는 똠얌꿍의 풍미를 한껏 높여 주었죠.

# 홍수도 막지 못한 왕새우의 맛

똠얌꿍에 들어가는 새우는 강에서 잡히는 '큰징거미새우'입니다. 이름에 '큰'이라는 수식어가 괜히 들어간 게 아니에요. 수컷은 몸 길이가 무려 32cm까지 성장하는 왕새우거든요. 전 세계 민물새우 중에서 가장 큰 종류입니다. 큰징거미새우는 태국을 비롯해 대만, 말레이시아 등 기후가 더운 지역의 하천에 서식해요. 물의 온도가 26℃에서 31℃ 사이일 때 잘 성장하기 때문입니다.

태국의 중부는 짜오프라야강을 비롯해 크고 작은 하천과 운하가 많고, 사바나 기후의 영향으로 수온이 높기 때문에 큰징거미새우가 살기에 좋은 환경입니다. 큼직하고 살이 토실토실하며 담백해서 똠얌꿍 말고도 각종 요리의 재료로 인기가 높죠. 쌀밥이 주식이라 탄수화물 섭취량이 높은 태국 중부 지역 사람들의 식단에서 새우는 단백질 공급원으로서 중요한 역할을 합니다.

새우를 요리에 활용하는 것은 물과 친숙한 생활과도 연관이 있어요. 수상가옥이 밀집한 마을이나 수상시장은 오늘날 태국의 관광 명소인데요, 강의 지류(큰 강에서 갈라져 나온 작은 물줄기)가 많고 땅이 평평하면서 해발 고도가 낮은 삼각주 지형 특성상 중부 지역에서는 많은 주민이 강변에 수상가옥을 짓고 살았습니다. 우기에 폭우가 쏟아지면 강물이 불어나 일대가 침수되는 일이 잦았

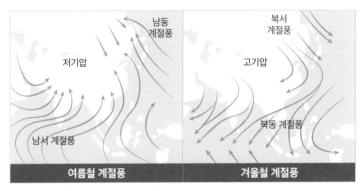

| 남동 계절풍 | 북서 계절풍 |
|---|---|
| 저기압 | 고기압 |
| 남서 계절풍 | 북동 계절풍 |
| **여름철 계절풍** | **겨울철 계절풍** |

**계절풍** 여름에는 바다에서 육지 쪽으로, 겨울에는 육지에서 바다 쪽으로 부는 바람이다. 남서 계절풍으로 인해 5월에서 10월 사이 동남아시아 지역에 우기가 발생한다.


기 때문입니다.

　이렇게 많은 비가 내리는 이유는 계절풍(몬순) 탓입니다. 계절풍은 계절에 따라 부는 방향이 바뀌는 바람을 말해요. 태양열이 육지와 바다에 전달될 때 계절에 따라 서로 데워지는 정도가 달라서 발생합니다. 육지는 열을 빨리 받고 빨리 식는 반면, 바다는 열을 서서히 받고 서서히 식거든요. 그래서 무더운 한여름에도 바닷물에 들어가면 시원하고, 반대로 한겨울에는 바닷물 속이 바깥보다 따뜻하죠. 이런 원리로 인해 여름에는 더 뜨거워진 육지 쪽에서 공기가 기벼워져 하늘로 올라가며 저기압이 형성되는 반면, 더 시원한 바다 쪽은 공기가 무거워져 아래로 내려가면서 고기압이 들어서죠. 저기압 상태인 육지에선 공기가 위로 상승해 부족해지는데, 이를 채우기 위해 고기압 상태인 바다의 공기가 몰려와 계절풍이 부는 것입니다. 겨울엔 이와 반대로 고기압 상태인 육지에서 저기압 상태인 바다 쪽으로 계절풍이 불고요.

태국은 북동쪽이 육지이고 남서쪽이 바다여서, 겨울 건기에는 북동쪽의 대륙에서 건조한 계절풍이 불어와 비가 거의 내리지 않아요. 여름 우기에는 남서쪽의 인도양에서 바다의 습기를 잔뜩 머금은 계절풍이 불어와 비가 많이 내립니다.

이때 수면보다 높이 올라가 있는 수상가옥은 어지간한 홍수에는 잠기지 않습니다. 이동할 때는 작은 배를 타고 물길로 다니죠. 강이나 운하 유역은 습지라서 땅이 질퍽해 걷는 것보다 배를 타는 게 훨씬 편하기 때문입니다. 상인들은 과일, 채소, 곡식 등 먹거리를 배에 싣고 다니면서 장사를 했어요. 여기서 수상시장이 탄생했죠. 또한 주민들은 집 앞의 강물에서 갓 잡아 올린 새우 등 수산물을 요리해 먹으며 자급자족하는 게 당연한 일상이었습니다.

오늘날 똠얌꿍은 중부의 지역 음식에 그치지 않고, 태국 정부가 유네스코 무형 문화유산 등재를 꾸준히 신청할 정도로 나라를 대표하는 음식입니다. 똠얌꿍이 강변 생태계를 활용해 발전해 온 태국의 사회문화상을 반영한다고 보기 때문이죠. 태국을 대표하

태국의 수상가옥과 수상시장

는 문화적 상징이자 관광 상품으로 전 세계인에게 널리 홍보하겠다는 목적도 있고요.

## 음식 외교의
## 대표 주자가 되다

한국에서는 새우(꿍)가 들어간 똠얌꿍이 널리 알려져 있지만, 사실 이 국물 요리의 종류는 다양합니다. 생선(쁠라)을 넣은 똠얌쁠라, 닭고기(가이)를 넣은 똠얌가이, 돼지고기(무)를 넣은 똠얌무 등 다양한 '똠얌'이 있어요. 똠얌의 조리법이 최초로 기록된 건 19세기 말 태국 왕실의 요리책인데요, 새우가 아니라 생선으로 만든 똠얌쁠라가 소개되어 있습니다. 당시 조리법을 보면 오늘날 똠얌 요리의 핵심 재료로 꼽히는 레몬그라스나 갈랑가 같은 향신료를 넣지 않아 지금의 맛과 전혀 달랐을 것입니다.

태국 사람들이 똠얌꿍을 즐겨 먹기 시작한 것은 1970년대 이후입니다. 그리고 그동안 조리법이 많이 바뀌었어요. 우리에게 익숙한 뻘겋고 진한 똠얌꿍은 고추 양념과 코코넛밀크를 넣어 국물을 걸쭉하게 만들었기 때문입니다. 한국에 매운탕과 맑은탕이 있는 것처럼, 현지에선 말갛게 끓인 똠얌꿍도 먹습니다. 원래는 맑은 국물 요리였는데, 상업화 과정에서 맛과 향을 더 강하게 내기 위해 새로운 재료들이 추가되어 지금과 같은 똠얌꿍이 완성되었다고 해요.

한편 태국 정부는 '키친 오브 더 월드'라는 이름의 태국 음식 세계화 본부를 마련해 똠얌꿍 등 자국 요리를 열심히 홍보하고 있어요. 태국 식품과 음식의 품질을 관리하기 위해 해외의 태국 레스토랑에 인증서를 부여하는 '타이 셀렉트' 인증 제도도 도입했고요. 똠얌꿍이 세계적으로 유명한 음식이 된 데는 이런 노력도 한몫 톡톡히 했죠.

똠얌꿍의 세계화는 1970년대 이후 태국에서 큰징거미새우 양식이 확산된 덕분이기도 합니다. 일본, 홍콩, 싱가포르 등에서 새우 소비가 늘자, 태국 정부는 새우 수출로 외화를 벌기 위해 양식 산업을 대대적으로 키웠습니다. 앞서 살펴본 바와 같이, 태국 중부 지역은 물길이 많고 수온이 따뜻해 새우 양식장을 마련하기에 좋은 조건을 갖추고 있습니다. 태국의 양식 새우 생산량은 1976년 약 5t에 불과했던 것이 1984년엔 약 3000t으로 급격히 불어났어요. 공급이 급증하면서 가격이 낮아지자 태국의 음식점들은 각종 새우 요리를 앞다투어 선보였습니다. 새우는 워낙 맛있는 식재료이기도 하시만, 다양한 똠얌 요리 중에서 똠얌꿍이 단연 주목받은 데는 그런 사연이 있습니다.

# 가라앉는 땅과
# 변덕스러운 하늘

태국에선 예로부터 "땅에 쌀이 있고 물에 물고기가 있다"라는 말이 전해져 왔습니다. 이 한마디에 농작물과 수산물이 풍부하게 나는 짜오프라야강 유역의 지리적 특징이 드러나는데요, 이토록 먹거리가 풍성한 곳이 점점 바다 아래로 가라앉고 있습니다.

온실 가스의 영향으로 지구가 빠른 속도로 더워지고 있어서죠. 북극과 남극의 빙하가 녹아 해수면이 계속 올라갈수록 해발 고도가 낮은 지역의 땅은 서서히 바닷물에 잠깁니다. 방콕을 비롯한 태국 중부 지역의 삼각주 평야는 해발 고도가 0.5~2m 정도에 불과해, 지금과 같은 속도로 해수면이 상승하면 머지않아 이 일대의 많은 지역이 바닷물에 뒤덮일 것입니다. 이미 바닷가에선 해안 침식으로 사라진 마을도 있습니다. 방콕에서 남쪽으로 약 10km 떨어진 해안에 자리한 '반쿤사뭇친Ban Khun Samut Chin'은 바닷물에 잠기는 바람에 주민들이 모두 내륙으로 이주해야 했죠. 원래 마을이 있던 자리에는 불교 사찰만 덩그러니 남아 있어요.

해수면 상승과 더불어 바닷가를 빼곡하게 채웠던 맹그로브 숲이 사라진 것도 빠른 해안 침식의 원인으로 꼽힙니다. 맹그로브 나무는 열대 기후 지역의 갯벌이나 강어귀처럼 강물과 바다가 만

**사찰만 남은 반쿤사뭇친**

나는 곳에서 자라는데요, 바닷물 아래로 촘촘하게 뿌리를 뻗어

내려 해안 침식을 막아 줍니다. 짜오프라야강을 비롯해 여러 하

천이 타이만으로 흘러 나가는 태국 중부 지역 해안에는 맹그로브

숲이 울창하게 조성되어 있었어요. 하지만 새우 수출이 늘자 맹

그로브 나무를 베어 내고 새우 양식장을 급격하게 늘렸죠. 그렇

게 자연의 방파제 역할을 해 주던 맹그로브 숲이 사라지자 바닷물이 걷잡을 수 없이 밀려 들어와 잠겨 버린 것입니다.

기후 변화로 극심한 홍수와 가뭄이 번갈아 발생하는 것도 중부 지역 농민들의 고민거리입니다. 태국은 2011년 우기에 발생한 대홍수로 800여 명이 사망하고 국토의 3분의 1이 물에 잠겼습니다. 쌀을 비롯해 농작물 수확이 큰 피해를 입으면서 식품 가격이 치솟아 서민들은 어려움을 겪었습니다. 그런데 최근에는 엘니뇨의 여파로 우기에 비가 충분히 내리지 않아 가뭄이 들고 있습니다. 태국은 쌀, 설탕 등 주요 작물의 수출국이기 때문에 전 세계 물가가 덩달아 불안해지고 있어요.

똠얌꿍은 풍요로운 삼각주 평야와 강물, 그리고 사바나 기후가 만들어 낸 태국의 상징인데, 날로 심각해지는 기후 변화와 환경 파괴를 막지 못하면 앞으로 현지에서 이 맛있는 요리를 마음껏 먹지 못할지도 모릅니다. "땅에 쌀이 있고 물에 물고기가 있다"라는 말 역시 전설이 되어 버릴 수 있고요.

# 고등어는 좋지만 ○○○○은 안 돼!

## 열대 몬순Am

### 인도
### 생선 커리 라이스

인도 하면 단숨에 떠오르는 세계적인 음식이 하나 있죠. '커리'입니다. 한국에서는 '카레'라는 단어가 더 익숙하죠. 고기, 감자, 양파, 당근 등 여러 가지 재료를 넣고 걸쭉하게 끓인 매콤한 노란색 향신료 소스를 밥에 끼얹어 비벼 먹는 음식입니다. 하지만 커리든 카레든 정작 인도에는 이런 요리가 없어요.

과거에 인도를 식민 통치한 영국인들이 인도의 각종 향신료(마살라)를 가져다가 자신들의 취향대로 개발한 스튜(고기에 버터, 양념, 채소 등을 넣고 걸쭉하게 끓인 요리)가 커리예요. 영국의 커리가 일본에 전해지면서, 역시 일본인의 입맛에 맞춘 재료를 넣고 끓여 밥과 함께 먹도록 바뀐 게 카레입니다. 오늘날 우리가 먹는 카레는 이름이나 스타일 모두 일제 강점기 일본에서 들어온 것에서 비롯했어요.

말하자면, 커리는 인도의 다양한 향신료 요리를 편의상 묶어

고아의 해변과 논

서 부르는 명칭입니다. 넓게 보면 북인도와 남인도의 커리 요리는 두드러진 차이를 보여요. 북인도 사람들은 강황, 커민, 카다멈, 정향처럼 향이 강하고 색이 진한 향신료를 좋아하는 데 비해 남인도 사람들은 타마린드, 호로파, 후추처럼 상대적으로 향이 약하고 색이 연한 향신료의 커리를 즐겨 먹습니다. 또한 밀이 주식인 북인도에선 탄두르(진흙으로 만든 화덕)에 구워 낸 밀가루 빵인 '난'을 커리에 찍어 먹는 걸 선호하는데, 쌀이 주식인 남인도에선 커리를 주로 밥과 함께 먹죠.

그런데 남인도 서쪽 해안가 고아Goa 지역에는 아주 독특하고 흥미로운 커리가 있어요. 이 지역의 지형과 기후, 그리고 역사와 종교 등이 인도의 다른 지역과 뚜렷한 차이를 보이면서 생겨난 거죠. 인도의 수많은 커리 요리 가운데 우리가 지금부터 함께 맛볼 음식은 고아의 '생선 커리 라이스'입니다.

## 생선 커리 라이스를
## 무조건 찾아라?

인도의 행정 구역은 28개의 주와 8곳의 연방 직할지로 구성되어 있어요. 각각의 주는 주 정부와 주 의회가 자치적인 행정과 정치를 펼치는 반면, 연방 직할지는 인도 정부가 직접 관리한다는 점에서 다르죠. 고아는 28개의 주 가운데 크기가 가장 작고 인구도 25위에 불과합니다. 하지만 인도에서 1인당 GDP(국내총생산)가 가장 높은 부유한 고장이에요. 그런데 2023년 10월, 고아의 주 정부가 재미있는 정책을 도입해 눈길을 끌었습니다. 고아주 해안가 모든 식당에선 앞으로 생선 커리 라이스를 무조건 팔아야 한다는 정책이었습니다. 햄버거 가게든 파스타 가게든 상관없이 생선 커리 라이스를 반드시 메뉴에 올려야 한다고 해요. 민주주의 국가인 인도에서 주 정부가 자영업자에게 특정 메뉴를 의무적으로 팔게 강제하다니, 도대체 무슨 사연일까요?

아라비아해와 접한 고아주에선 생선을 비롯한 해산물이 많이 납니다. 이 지역의 대표적인 농산물은 쌀이고요. 또 인도는 무슨 요리든 향신료가 필수입니다. 그래서 생선과 향신료와 쌀이 만난 생선 커리 라이스는 고아 식문화의 상징이자 지역 사람들의 솔 푸드soul food라고 해요.

하지만 관광객이 즐겨 찾는 고아 해변의 식당가에선 생선 커리 라이스를 사 먹을 수 있는 곳이 의외로 많지 않았어요. 향토적인 색채가 강한 음식이라서 외국인이나 인도의 다른 지역 손님들에게 인기가 별로 없었던 모양입니다. 커리를 파는 해변의 식당 대부분이 관광객의 입맛에 익숙한 북인도 스타일의 요리 위주로

**병어와 코코넛밀크를 넣은 고아식 생선 커리 라이스**

장사를 했답니다. 그러자 고아주 정부가 발끈한 거죠. 이대로 두면 지역 고유의 음식 문화가 왜곡되고 퇴보할 수 있겠다는 위기감에 '생선 커리 라이스 판매 의무화' 정책을 내민 것입니다.

커리가 인도의 다양한 향신료 요리를 뭉뚱그려 가리키는 것처럼, 고아에서 '생선 커리'라고 부르는 요리도 종류가 다양합니다. 그중에서 병어, 고등어, 방어 등으로 만든 '싯 코디', 상어로 만든 '암봇 틱' 등이 유명해요.

싯 코디는 가장 대표적인 생선 커리 메뉴인데, 먹기 좋게 토막 낸 생선을 타마린드, 고추, 코코넛, 망고, 코쿰(망고스틴과 과일) 등으로 양념해 걸쭉하게 끓인 뒤 밥에 비벼 먹습니다. 망고나 코쿰 같은 과일의 새콤함, 고추의 매콤함, 코코넛의 고소함까지 함께 느낄 수 있는 커리입니다. 암봇 틱은 고아주의 공용어인 콘칸어로 '새콤하고 매콤한'이란 뜻입니다. 그 이름처럼 타마린드와 식초를 듬뿍 넣어 새콤한 맛을 부각시키고 고추나 후추로 매운맛을 냅니다. 싯 코디와 맛이 비슷할 것 같지만, 코코넛을 넣지 않는다는 점에서 차이가 있어요. 암봇 틱도 싯 코디처럼 주로 밥에 비벼 먹는 생선 커리 라이스인데, 고아 지역의 쌀떡인 '산나스'를 곁들이기도 합니다.

## 아라비아해의 축복, 몬순

고아의 앞바다인 아라비아해에선 예로부터 어업이 발달했어요. 인산염 등 무기 영양 염류가 풍부하기 때문이에요. 무기 영양 염류는 플랑크톤이 번식하는 데 꼭 필요한 영양분입니다. 먹이 사슬과 생태계의 원리로 볼 때, 플랑크톤이 많을수록 플랑크톤을 먹이로 삼는 해양 생물도 당연히 많겠죠. 고등어, 정어리, 병어, 참치, 방어, 새우 등 다양한 어종이 고아의 식탁에 오르는 이유입

인도의 남서 계절풍

니다.

아라비아해는 고아 사람들에게 해산물만 선사한 게 아니에요. 6월부터 9월까지 아라비아해에서 불어오는 남서 계절풍 덕분에 많은 쌀과 향신료를 수확할 수 있거든요. 앞 장에서 설명한 것처럼, 여름에 바다에서 육지로 부는 계절풍은 바닷물의 습기를 잔뜩 머금어 비구름을 몰고 옵니다. 그런데 고아를 비롯한 인도의 서쪽 해안가에는 해안선을 따라 남북으로 길게 서고츠산맥이 솟아 있어요. 계절풍과 함께 날아온 무거운 비구름은 높다란 산맥에 가로막혀 바닷가에 비를 한껏 퍼붓고 가벼워진 뒤에야 산을 넘어갑니다. 그래서 서고츠산맥을 중심으로 서쪽의 해안에는 열대 몬순 기후가, 동쪽의 내륙에는 비가 덜 내리면서 열대 사바나 기후나 건조 기후가 나타나죠. 우기에 비가 충분히 내려, 고아에선 쌀이며 향신료가 풍부하게 생산됩니다.

열대 몬순은 앞서 살펴본 열대 우림과 사바나의 중간 정도 기후라고 생각하면 이해하기 쉬워요. '몬순Monsoon'은 '계절'을 뜻하는 아랍어 '마우심Mausim'에서 비롯된 말인데요. 여기서 계절이란 한국처럼 기온 차가 뚜렷한 봄, 여름, 가을, 겨울을 뜻하는게 아니라 바람의 방향에 따라 건기와 우기가 나뉘는 것을 가리킵니다. 다른 열대 기후와 마찬가지로 날씨는 1년 내내 덥거든요. 열대 몬순 기후는 열대 우림 기후 못지않게 비가 무척 많이 내리는데, 사바나 기후처럼 건기가 따로 있다는 점에서 구분됩니다.

고아는 연평균 강수량이 약 2800mm로, 열대 우림 기후의 기준(2000mm)보다 훨씬 높아요. 사바나 기후인 태국의 방콕에 비하면 거의 두 배나 되죠. 이렇게 어마어마한 양의 비가 우기인 6~9월에 집중적으로 내립니다. 1년 강수량의 90%가 우기에 몰려 있어요. 계절풍 방향이 반대로 비꾸어 대륙에서 건조한 바람이 부는 건기(12~4월)에는 구름 한 점 없는 맑은 날씨가 이어지죠. 특히 1월과 2월의 평균 강수량은 0.2mm, 0.1mm에 불과합니다. 사실상 비가 거의 내리지 않는 셈이라서 사막의 날씨나 다름없어요.

이렇게 극단적인 강수량 때문에 고아 사람들은 우기를 활용해 농사를 지어야 했습니다. 그래서 우기가 시작되면 비를 환영하는 각종 축제가 열려요. 그들에게 비는 생명의 근원이니까요. 건기에 바싹 말랐던 땅은 많은 비를 맞고 하루아침에 푸른 초원으로 바뀝니다. 논에는 물이 차올라 벼가 무럭무럭 자라죠. 코코스야자나무가 우기 동안 빗물을 열심히 흡수한 덕분에, 고아의 대표 작물이자 커리의 주재료인 코코넛도 주렁주렁 열립니다. 물을 좋아하는 다른 향신료도 마찬가지입니다. 따라서 고아의 솔 푸드인 생선 커리 라이스는 아라비아해의 풍요로운 바다와 몬순(계절풍)이 가져다준 생선과 커리(향신료)와 라이스(밥)가 빚어낸 합작품입니다.

## 인도와 포르투갈이 버무려진 땅

고아주에서 가장 큰 도시는 '바스쿠 다가마Vasco da Gama'입니다. 세계사 공부를 열심히 했다면 이 도시의 긴 이름이 낯설지 않을 거예요. 대항해 시대 포르투갈의 탐험가 바스쿠 다가마 (1469~1524)의 이름에서 따온 지명입니다. 좀 이상하죠? 인도의 도시 지명을 왜 포르투갈 사람의 이름에서 따왔을까요? 그것은 고아주의 역사와 연관이 있습니다.

바스쿠 다가마는 유럽인 최초로 대서양과 인도양을 건너 1498년 인도 남서부 해안에 도착했습니다. 이때 고아의 남부 해안 지역에도 들렀다고 해요. 바스쿠 다가마에게서 이곳의 지리 정보를 얻은 포르투갈은 1510년에 고아를 침략했습니다. 아라비 아해를 마주하며 여러 강이 흐르고 해안선이 들쭉날쭉해 항구를 마련하기 좋은 조건이라고 판단했던 거죠. 이후 고아는 오랜 기간 포르투갈의 향신료 무역항으로 활용되었습니다.

포르투갈의 지배는 1510년부터 1961년까지 무려 451년 동안이나 지속되었습니다. 영국이 인도를 식민 통치한 기간에도 고아를 비롯한 인도 해안의 몇몇 항구 지역은 포르투갈의 속령으로 계속 남아 있었어요. 인도는 영국에서 독립한 뒤 포르투갈 정부에 고아를 돌려달라고 계속 요구했으나 거절당했죠. 이에 1961년 인도군이 고아로 진격해서 전투 끝에 포르투갈군을 몰아낸 뒤 되찾았습니다. 하지만 451년은 결코 짧은 세월이 아닙 니다. 대를 이어 포르투길 사람으로 살아온 고아 주민 중에는 갑 자기 자신들에게 주어진 인도인의 정체성이 낯선 이도 적지 않

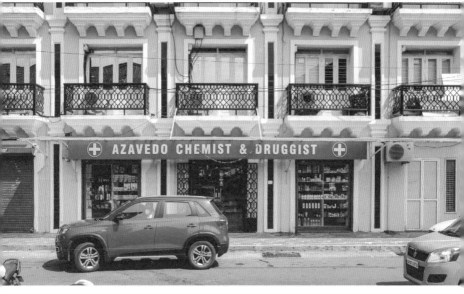

**고아에 남아 있는 포르투갈식 건물**

**봄 지저스 대성당** 유럽의 바로크 건축 양식을 보여 준다.

았습니다. 그래서 다시 인도의 땅이 된 지 한참 지났는데도 포르투갈 침략의 발단이 된 바스쿠 다가마의 이름을 딴 지명이 그대로 남아 있는 것입니다.

고아에는 여전히 포르투갈식 이름을 쓰거나 집 안에선 포르투갈어로 소통하는 주민들이 있다고 해요. 포르투갈의 정취를 느낄 수 있는 건물이며 거리도 곳곳에 있고요. 특히 이 지역에는 포르투갈인들이 옮겨 심은 가톨릭이 널리 퍼져 있습니다. 주민의 약 65%는 힌두교를 믿지만, 기독교 신자의 비율도 약 30%에 이릅니다. 그래서 동네마다 크고 작은 성당을 쉽게 볼 수 있어요. 16~18세기에 지어진 고아의 성당과 수도원은 유네스코 세계 문화유산으로 선정되기도 했죠. 인도 전체에서 힌두교도가 약 80%, 이슬람교도가 약 14%를 차지하고 기독교도는 고작 2% 남짓한 것을 고려하면, 고아 지역은 종교 면에서도 포르투갈의 색채가 두드러집니다.

또한 고아에선 1년 내내 다양한 축제가 열리는데, 포르투갈과 가톨릭에서 비롯한 지역 축제를 아주 성대하게 치릅니다. 대표적인 것이 '고아 카니발'과 '상 주앙São João' 축제입니다. '고아 카니발'은 포르투갈 지배 시기 기독교의 사순절 행사에서 시작되었고, '상 주앙' 축제는 세례자 요한(포르투갈어로 상 주앙)을 기념하는 성 요한 축일(6월 24일)이 기원입니다. 포르투갈의 관광 도시 포

**고아 카니발** 40일 동안 진행되는 사순절을 맞이하기 전에 화려한 퍼레이드와 공연을 즐기는 음악 축제다. 매년 2월에 3일 동안 열린다.

르투에서 열리는 '상 주앙' 축제가 유명한데, 인도의 고아 역시 같은 이름의 축제를 개최하는 거죠.

고아의 상 주앙 축제에선 주민들이 호수나 우물에 뛰어드는 이벤트가 열립니다. 세례자 요한이 요단강(요르단강)에 들어가 예수와 유대인들에게 행했던 세례 의식에서 유래한 것으로, 기독교적인 의미가 담긴 행사입니다.


## 종교에 따라 달라지는
## 고아 커리

포르투갈과 가톨릭의 영향은 고아의 식문화에도 깊이 스며들어 있습니다. 인도에선 소고기나 돼지고기 요리를 접하기 어려워요. 힌두교에선 소고기를, 이슬람교에선 돼지고기를 금기하기 때문이죠. 하지만 가톨릭 신자가 많은 고아에선 소고기나 돼지고기 요리가 다양합니다. 와인과 식초를 듬뿍 넣어 새콤한 맛을 살리는 포르투갈식 조리법도 널리 활용되고요. 대표적인 메뉴가 매콤 새콤한 커리 '빈달루Vindaloo'입니다.

빈달무는 원래 대항해 시대에 고아를 오가던 포르투갈 뱃사람들의 음식 '카르니 디 비뉴 알류Carne de Vinho Alho'에서 비롯되었어요. 포르투갈 말로 '카르니'는 '고기', '비뉴'는 '와인', '알류'는 '마늘'을 뜻합니다. 포르투갈에서 인도의 고아까지 멀고 먼 바닷길에 오른 선원들이 배에 실은 돼지고기를 와인과 마늘에 재워 만든 음식이에요. 냉장고가 없던 시절이니 와인의 알코올 성분으로 고기의 부패 속도를 늦춘 거죠. 보존 기간이 늘어날수록 심해지는 돼지고기 특유의 냄새는 마늘의 향으로 잡았고요.

고아의 인도 사람들은 이 조리법에 자신들의 땅에서 나는 각종 향신료와 매운 고추를 더해 '빈달루'라는 새로운 요리를 탄생시켰습니다. '빈달루'도 포르투갈어 '비뉴 알류'를 인도식으로 발음한 거죠. 빈달루를 비롯해 고아의 각종 커리 요리에 널리 쓰이는 고추도 포르투갈과 연관 있는 식재료입니다.

고추는 멕시코 등 중남미가 원산지예요. 포르투갈 무역상들이 중남미에서 실어 온 뒤 고아에서 재배되기 시작했습니다. 자극적인 매운맛이 더운 날씨를 견디며 살아가는 인도 사람들의 취향에 잘 맞았고, 고아의 기후가 중남미와 비슷해 수확이 잘된 거죠. 오늘날 고아는 인도에서 고추의 특산지로 유명합니다.

돼지고기 요리인 빈달루는 원래 고아의 가톨릭 신도들이 즐겨 먹었는데요, 힌두교나 이슬람교를 믿는 사람들도 곧 그 독특한 풍미에 빠졌습니다. 물론 재료는 그들의 교리에 맞게 바뀌었죠. 와인 대신 코코넛 식초를 넣고 돼지고기 대신 양고기나 닭고기를

**양파를 올린 헤셰아두**

쓰는 식으로요.

생선 커리도 종교에 따라 식재료와 맛이 달라집니다. 인도에는 신분 세습제인 카스트 제도가 아직 남아 있는데, 힌두교 성직자 계급인 브라만 중에선 양파와 마늘을 먹지 않는 이가 많다고 해요. 향이 강해서 정신을 혼탁하게 만든다고 여기기 때문이죠. 하지만 고아의 가톨릭 신자들은 생선 커리 요리를 먹을 때 비린내를 잡기 위해 양파와 마늘을 듬뿍 넣어요. '생선 헤셰아두Rec-heado'가 대표적입니다. '헤셰아두'는 포르투갈 말로 '양념한 속을 채워 넣다'라는 뜻입니다. 고등어나 병어 같은 생선의 배를 갈라 내장을 발라낸 뒤 식초, 말린 고추, 마늘, 양파, 각종 향신료를 갈아서 만든 붉은색 양념으로 그 속을 가득 채워 기름에 볶은 요리입니다. 이름도 그렇지만 재료와 조리법까지 포르투갈 느낌이 물씬 풍기는 고아의 향토 음식입니다.

## 따뜻해지는 바다의 저주

2022년부터 고아 앞바다에선 고등어가 많이 잡힌다고 해요. 생선 커리 라이스가 주식인 고아 주민들에겐 반가운 소식이겠죠? 공급이 늘어 고등어 가격이 내리면 좀 더 싸게 생선 커리 라이스를 먹을 수 있으니까요. 하지만 마냥 즐거워할 수만은 없습니다. 지구 온난화로 인해 바닷물 온도가 상승하면서 남쪽 바다에 서식하던 고등어들이 좀 더 시원한 북쪽의 고아 앞바다로 이동해 온 거니까요. 아니나 다를까, 고아주의 남쪽 해안에 자리한 케랄라주에선 고등어 어획량이 눈에 띄게 줄었다고 합니다. 수온이 지금처럼 계속 상승하면 고등어는 결국 고아 앞바다를 떠나 북쪽으로 다시 옮겨 가겠죠.

고등어 어장의 이동보다 더 심각한 문제는 사이클론입니다.

사이클론은 태평양의 태풍처럼 인도양에서 발생하는 열대성 저기압인데요, 점점 높아지는 수온 탓에 아라비아해에서 사이클론이 더 자주, 더 강하게 발생하고 있어요. 바닷물이 뜨거워지면 대기 중으로 수증기가 더 많이 공급되어 열대성 저기압이 만들어지기 쉽고 세력도 커지거든요.

2001~2019년 아라비아해에서 발생한 사이클론 수는 그전 20년간에 비해 52%나 늘었다고 해요. 세력이 거세지면서 사이클론의 수명(발생한 뒤 소멸하기까지 기간)도 80%나 길어졌고요. 사이클론은 폭우와 강풍으로 큰 피해를 입힙니다. 어민들의 조업 중단은 물론 어선이 전복하거나 부서지는 등 사고가 날 수도 있죠. 농경지가 침수되고 애써 키운 농작물이 강풍에 쓰러지거나 날아가 버리기도 하고요. 이처럼 고아의 먹거리와 직결된 어업과 농업은 사이클론이 불어닥칠 때마다 당연히 타격을 받습니다.

더구나 사이클론은 아라비아해의 수증기를 빨아들여 몬순을 약화시킵니다. 그래서 우기에 비가 덜 오게 되죠. 2023년만 해도 6월 초에 대형 사이클론 '비파르조이'가 발생한 뒤 몬순이 평년에 비해 늦은 6월 중순에 불기 시작했어요. 몬순에 의존해서 살아가는 고아의 농민들은 애를 먹었습니다. 대표 작물인 쌀의 피해가 컸죠. 몬순의 지각으로 비가 충분히 내리지 않아 논에 물이 차지 않는 바람에 상당수 농민이 모내기를 미뤄야 했거든요. 7월

**비파르조이가 덮친 인도 서부 해안**

들어 비가 본격적으로 내리기 시작했지만, 이번엔 집중 호우로 농경지 침수 피해가 컸어요. 그리고 8월에는 우기인데도 10년 만에 강수량이 가장 적어 논이 말라붙어 버렸습니다. 우기 내내 비가 들쑥날쑥하니 벼가 여물지 않아 결국 추수가 3주나 늦어졌습니다. 수확량도 줄었고요.

고아에서는 기후 변화에 따라 이런 사태가 앞으로 계속 벌어지고 더욱 심해질 것으로 예상합니다. 특히 쌀의 주요 산지로 꼽히는 해안 저지대에선 해수면 상승으로 인한 해안 침식과 홍수 피해가 커지는 것을 우려한다고 해요.

바닷물이 자꾸 육지로 넘쳐 들어와 지하수와 흙의 소금기 농도가 갈수록 짙어지는 것도 문제입니다. 염분 때문에 토질이 나빠져 농작물이 잘 자라지 못하니까요. 또한 달라진 날씨 때문에 향신료, 과일 등 농산물의 숙성 기간이 영향을 받아 맛과 향이 떨어지고 있습니다. 앞바다에서 고등어가 잠깐 많이 잡힌다고 좋아할 일이 절대 아닌 거죠.

# 카사바는
# 서아프리카 식탁의
# 구원자일까?

더운 여름에 밖에서 땀 흘리며 걷다 보면 시원한 음료 한 잔이 간절해지죠. 그런데 그냥 꿀꺽꿀꺽 마시면 좀 심심해서, 많은 사람이 버블티를 찾습니다. 버블티는 달달한 차에 진주(영어로 '펄pearl')처럼 동글동글한 타피오카 펄을 잔뜩 넣은 대만의 인기 음료입니다. 지금은 한국을 비롯해 전 세계적으로 사랑받는 음료가 되었죠. 두꺼운 빨대로 입안에 쏙쏙 빨려 들어오는 쫀득쫀득한 타피오카 펄을 씹는 재미가 제법 쏠쏠합니다. 그런데 버블티의 매력 포인트인 이 타피오카 펄의 정체가 뭔지 알고 있나요?

타피오카 펄의 원재료는 '카사바cassava'라는 열대성 뿌리 작물입니다. 언뜻 보기엔 고구마와 닮았는데 훨씬 크고 길쭉해요. 카사바의 뿌리에는 끈끈한 성질의 녹말이 들어 있습니다. 이 녹말 성분을 따로 뽑아낸 게 타피오카예요. 그리고 이 타피오카로 타피오카 펄을 만듭니다. 카사바는 우리에게 그리 익숙한 식재료가 아니지만, 사실 한국은 카사바를 가공한 타피오카를 꽤 많이 수입하고 있답니다. 소주의 원재료이기 때문이죠.

카사바는 버릴 게 없는, 활용성이 높은 작물이에요. 뿌리는 식재료로 쓰고 껍질과 잎은 가축의 사료로 씁니다. 유엔 식량 농업 기구FAO가 선정한 세계 8대 농작물에도 올라 있습니다. 뿌리채소 중에서는 감자에 이어 두 번째로 생산량이 높아요.

카사바의 원산지는 남아메리카입니다. 하지만 오늘날엔 동남아시아, 인도, 아프리카 등 세계 곳곳의 열대 및 아열대 기후 지역에서 널리 재배됩니다. 적응력이 상당히 뛰어나기 때문이죠. 날씨가 덥기만 하면 땅이 비옥하지 않아도, 비가 너무 많이 오거나 적게 와도 비교적 잘 자랍니다. 카사바가 대표적인 구황 작물(가뭄이나 장마에 영향을 덜 받아 흉년에도 재배가 가능해 주식 대신 먹을 수 있는 작물)이 된 까닭이기도 해요. 그래서인지 원산지인 남아메리카보다 농업 생산성이 취약하고 식량 부족이 심각한 아프리카에서 더 많이 재배됩니다.

카사바가 아프리카 땅에서 처음으로 재배된 건 16세기입니다. 포르투갈 상인들이 노예 무역선에 태워 가는 흑인들에게 급식할 목적으로 브라질에서 가져와 심었다고 합니다. 이런 아픈 역사를 뒤로한 채, 지금은 전 세계 카사바의 약 60%가 아프리카에서 날 정도로 이 지역 주민들에겐 중요한 먹거리가 되었어요. 한국의 한상기 박사가 병해(농작물에 병이 발생해 입는 피해)에 강한 카사바 품종 개량에 성공한 뒤 아프리카 여러 나라에 보급한 것도 큰 기여를 했습니다.

가나, 나이지리아, 콩고 등 서아프리카 해안 지역에선 카사바로 만드는 유명한 음식이 있습니다. 카사바를 삶거나 쪄서 곱게 으깬 뒤 찐빵 모

나이지리아의 카사바 농장

푸푸

양으로 뭉친 '푸푸'입니다. 지역에 따라 이름이나 조리법은 조금씩 다른데, 생긴 건 꼭 삶은 감자를 으깬 매시트포테이토를 닮았어요. 푸푸 자체의 맛은 감자처럼 그냥 담백합니다. 그래서 우리가 밥을 국에 말아 먹듯 짭짤하고 매콤한 국물 요리를 푸푸에 끼얹어 먹어요. 원래는 얌(참마의 일종)이나 플랜테인(바나나의 일종)으로 요리했는데, 카사바가 워낙 아무 데서나 잘 자라고 흔해지면서 주재료가 되었다고 합니다. 카사바가 푸푸를 만드는 데 쓰이면서 재배량이 더욱 늘어났죠.

최근 들어 서아프리카에선 카사바를 더 많이 심어야 한다는 목소리가 높아지고 있습니다. 급속하게 진행 중인 기후 변화 때문이죠. 열대 우림, 열대 몬순, 사바나 등 열대 기후가 모두 나타나는 서아프리카는 지구 온난화로 기근과 홍수가 갈수록 자주 발생하고 있습니다. 이 일대는 늘 식량 부족에 시달리는 것은 물론, 치안도 불안한 편이에요. 농작물의 수확이 감소하면 약탈 행위가 더욱 심해지고 내전이나 전쟁이 발발할 수 있다는 우려가 나옵니다. 그래서 자연재해에도 비교적 생산량이 높은 카사바가 주목받는 거죠.

한 연구 결과에 따르면, 기후 변화로 아프리카에서 재배되는 콩, 감자, 바나나, 수수 등의 생산량이 감소할 것으로 예상되지만 카사바는 큰 영향을 받지 않을 거라고 합니다. 게다가 마침 이 지역 주민들의 주식이 푸푸잖아요. 얌이나 바나나 대신에 카사바로 푸푸를 더 자주, 더 많이 만들어 먹는다면 식량 부족 문제도 차츰 해결되겠죠.

하지만 이것 또한 간단한 문제가 아닙니다. 땅이 한정적이기 때문이에요. 카사바 농장을 늘리려면 숲을 농경지로 바꿔야 하는데, 이러한 삼림 파괴가 지구 온난화를 가속화하고 더 심한 기근과 홍수 피해를 일으킬 수 있으니까요.

1991년 이후 서아프리카 해안의 삼림 파괴 지역에선 폭풍이 두 배 가까이 늘어난 반면, 숲이 우거진 지역에선 약 40% 증가율을 보였다고 해요. 지구 온난화로 폭풍의 피해가 커지는 것은 어쩔 수 없지만, 숲이 있느냐 없느냐에 따라 발생 빈도가 현저하게 차이 나는 거죠. 당장 식량 공급량을 늘리기 위해 숲을 없애고 카사바 농장을 많이 만들면, 그만큼 기후 변화의 피해가 다시 심해지는 악순환이 벌어지는 셈이에요. 두 가지 중에서 어느 것을 선택해도 바람직하지 못한 결과가 나오는 이런 곤란한 상황을 '딜레마dillema'라고 합니다. 서아프리카 카사바의 딜레마, 여러분은 어느 쪽을 택하는 게 더 낫다고 생각하나요?

온대 기후 여행

2

화창하고 순한
날씨의
선물

지중해성 Cs

**이탈리아**
**나폴리피자**

이탈리아의 나폴리, 브라질의 리우데자네이루, 오스트레일리아의 시드니는 '세계 3대 미항'으로 꼽힙니다. 그런데 누가, 언제, 무엇을 기준으로 이 세 군데만 콕 집어 세계에서 가장 아름다운 3대 항구 도시라고 정한 걸까요? '아름답다'라는 건 순전히 주관적인 판단인데 말이죠.

그 단서는 영국의 외과 의사 맬컴 모리스Malcom A. Morris가 1883년에 발간한 《건강에 관한 책The Book of Health》에서 찾을 수 있습니다. 이 책에 잭슨항(시드니), 나폴리 해안, 리우데자네이루항 중 어디가 가장 아름다운지 꼽는 것이 여행자들 사이에서 커다란 논쟁거리라는 내용이 나오거든요. 19세기에 내연 기관의 발달로 여객선의 속도가 빨라지자, 유럽의 부자들은 세계 곳곳의 바다와 항구, 해안을 누비는 크루즈 여행을 떠났습니다. 그들이 "내가 가 본 그 항구가 제일 아름답다"라며 서로 여행 자랑을 하

**나폴리항**

던 데서 '세계 3대 미항' 이야기가 비롯된 것으로 보입니다.

아무튼 세월이 한참 흐른 오늘날에도 이 세 도시의 경관이 근사한 건 사실이에요. 특히 2500여 년의 역사를 자랑하는 나폴리는 고대 그리스인의 공동묘지, 로마 제국의 각종 유적, 중세 시대의 성, 르네상스 건축 양식의 성당 등 여러 시대의 색채가 담긴 명소가 곳곳에 가득합니다. 그뿐만 아니라 찬란한 태양 아래 푸르게 빛나는 지중해와 우뚝 솟은 베수비오 화산, 그리고 바닷가에 들어선 파스텔 톤의 고풍스러운 건물이 어우러져 한 폭의 그림 같은 절경을 선사하죠. 하지만 나폴리의 매력은 유적이나 풍경이 전부가 아니에요. 이 항구 도시에서 탄생한 세계적인 먹거리가 있습니다. 이름에 지역색이 고스란히 담겨 있는 '나폴리피자'입니다.

## '진짜' 피자에 진심이 될 때

쫄깃하게 구운 도dough 위에 쭉쭉 늘어나는 고소한 치즈, 짭짤한 페퍼로니, 아삭아삭한 피망, 새큼한 올리브와 토마토소스…. 외국 음식이지만 피자는 우리에게 무척 친숙하죠. 서울에서 울릉도까지 전국 곳곳에 셀 수 없이 많은 피자 가게가 영업 중이고요. 배달 주문이 워낙 많다 보니 배달 앱마다 아예 피자 카테고리가 따로 마련되어 있을 정도입니다. 마트나 편의점에선 간편하게 데워 먹는 냉동 피자 제품을 살 수 있죠. 불고기피자, 베이컨피자, 새우피자, 해산물피자, 하와이안피자, 감자피자, 고구마피자 등 토핑에 따른 종류도 무궁무진합니다. 그런데 피자의 종주국인 이탈리아는 우리가 먹는 이런 피자들을 '가짜 피자'처럼 취급합니다.

사실 평평하게 빚은 밀가루 반죽 위에 치즈를 얹어 화덕에 구워 낸 빵은 아주 옛날부터 중동과 지중해 연안에서 널리 먹었습니다. 그런데 도와 치즈, 토마토소스의 조합을 기본으로 하는 오늘날의 피자는 18세기 나폴리에서 시작되었어요. 그래서 나폴리는 피자의 발상지로, 이탈리아는 피자의 종주국으로 인정받고 있죠. 특히 '마르게리타피자'는 나폴리피자의 원조로 통합니다. 이 피자는 1889년 나폴리의 피자 장인이 당시 이곳을 방문한 마르게리타 왕비를 위해 이탈리아 국기 색깔을 상징하는 빨간색 토마토소스, 하얀색 치즈, 초록색 바질로 만든 것입니다. 이러한 독자성을 인정받아 나폴리 사투리로 피자 장인을 일컫는 '피차이우올로Pizzaiuolo'와 조리 기술이 2017년 유네스코 무형 문화유산으로 등재되었어요.

나폴리피자에 대한 강한 자부심은 '나폴리피자 협회AVPN'의 인증 제도에서도 엿볼 수 있습니다. 협회의 엄격한 규정을 철저하게 지키는 가게만 '진짜 나폴리피자'를 만든다는 인증서를 받아요. 규정에 따르면, 전통 피자 중에서 마리나라피자의 고명은 토마토소스, 올리브오일, 마늘, 오레가노로 정해져 있어요. 미르게리타피자의 경우엔 토마토소스, 올리브오일, 모차렐라 또는 피

마르게리타피자

전통적인 장작 화덕

오르디라테(치즈 종류), 신선한 바질을 올려야 하고요. 피자는 일정한 규격의 장작 화덕에 넣어 구워야 합니다. 심지어 도의 크기와 무게, 굽는 온도와 시간, 각 재료의 품종이나 원산지 같은 선택 기준까지 아주 상세하게 마련해 놓았습니다.

나폴리 사람들은 파인애플을 토핑으로 올린 하와이안피자 등 다른 나라의 이색적인 피자를 보면 저게 무슨 피자냐며 기겁한다고 해요. 특히 피차이우올로들은 지역의 자랑이자 이탈리아 식문화를 대표하는 피자의 맛과 모양이 변질되는 점을 크게 우려하죠.

이렇게 피자가 세계 각지에서 현지화된 데는 사연이 있습니다. 여러 나라로 갈라져 싸우던 이탈리아는 1870년에 통일을 이뤘지만 사회적 갈등으로 혼란했는데요. 정부가 제 역할을 하지 못하면서 농업 의존도가 높은 남부에선 잇따른 질병과 자연재해로 농민이 극심한 가난을 겪었어요. 그래서 남부의 많은 주민이 미국으로 이민을 떠났습니다. 이들 중 음식 솜씨가 좋은 사람들은 피자 가게를 차려 현지인의 입맛에 맞는 미국식 피자를 선보였죠. 미국이 강대국이 되자 햄버거, 피자 등 미국의 인기 음식들이 세계 곳곳으로 퍼졌고, 각 지역의 식재료나 주민들의 취향에 따라 새로운 종류의 피자가 속속 등장했어요.

이에 피자의 전통이 파괴된다고 여긴 나폴리의 피자 장인들이 1984년 협회를 결성해서 까다로운 기준에 따른 인증 제도를 도입한 겁니다. 나폴리에만 8200여 곳의 피체리아Pizzeria (피자 가게)가 있는데, '진짜 나폴리피자' 인증서를 받은 곳은 겨우 75곳에 불과하답니다.

## 병도 낫게 하는
## 바람, 온도, 습도

이야기를 시작하면서 1883년 영국인 의사가 낸 책의 '세계 3대 미항' 관련 내용을 언급했죠. 그런데 '세계에서 가장 아름다운 항구'를 둘러싼 여행자들의 논쟁이 왜 가이드북도 아닌 건강 정보 도서에 생뚱맞게 등장했을까요? 그 이유는 이 내용을 다룬 챕터의 제목이 '기후와 휴양지'였기 때문이에요.

모리스는 기온, 습도, 일조량 등 기후의 여러 조건이 인간의 육체적 건강과 정신적 건강에 큰 영향을 끼친다고 봤어요. 그러면서 환자나 건강 상태가 나빠진 사람들을 위해 세계 곳곳의 기후가 좋은 휴양지를 소개하며 세 곳의 아름다운 항구 이야기를 꺼냈죠. 그는 나폴리를 비롯한 이탈리아 남부 휴양지의 장점으로 환한 햇빛과 따뜻한 기온을 들었어요. 훗날 쾨펜은 이런 특징을 보이는 이탈리아, 스페인, 그리스, 프랑스 남부 등 지중해 연안의 기후를 지중해성 기후로 정리했죠.

쾨펜은 최한월(가장 추운 달)의 평균 기온이 -3℃에서 18℃ 사이를 나타내면 온대 기후로 봤습니다. 같은 온대 기후라도 계절에 따른 기온 차이, 강수량, 습도 등의 특성이 다르기 때문에 다시 지중해성, 온대 겨울 건조, 온난 습윤, 서안 해양성 기후와 같이 네 가지로 나눴죠. 지중해성과 서안 해양성 기후는 대륙의 서안(서쪽 해안)에, 온대 겨울 건조와 온난 습윤은 대륙의 동안(동쪽 해안)에 나타나요. 이런 차이는 온대 기후 지역이 자리하는 중위도(남북위 20~50°) 일대에서 편서풍(1년 내내 서쪽에서 동쪽으로 부는 바람)이 불기 때문에 생깁니다. 대륙 서안 근처의 바다에 난류가 흐르는 지역이 많은 점도 영향을 주죠.

세계 지도를 살펴보면 좀 더 이해하기 쉬워요. 이탈리아가 위치한 유럽은 서쪽에 드넓은 대서양이 펼쳐져 해양성 기후의 특성을 머금은 편서풍이 붑니다. 반면, 한국이 있는 동아시아는 서쪽으로 거대한 유라시아 대륙이 자리해 대륙성 기후의 특성이 담긴 편서풍이 불죠. 해양에선 바닷물이 계속 증발해 대기가 촉촉한 반면, 흙이나 바위로 이루어진 대륙의 대기는 건조합니다. 또한 바닷물은 여름과 겨울에 온도 차이가 **별로** 크지 않지만, 대륙은 태양 에너지를 받는 양에 따라 빨리 데워지고 빨리 식기 때문

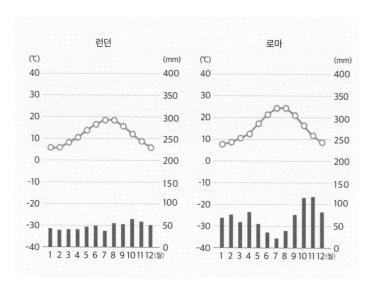

**런던과 로마의 평균 기온 및 강수량(2023)** 서안 해양성 기후에 해당하는 런던의 강수량은 1년 내내 고르고, 지중해성 기후에 해당하는 로마의 강수량은 겨울에 집중된 것을 볼 수 있다. ⓒ세계기상기구

에 여름엔 무척 더워지고 겨울엔 무척 추워져요. 그래서 대륙의 서안에 나타나는 지중해성과 서안 해양성 기후는 계절의 기온 차이가 별로 크지 않고 습도도 대체로 적당합니다.

그런데 1년 내내 비가 고르게 내리는 서안 해양성 기후와 달리, 지중해성 기후는 여름엔 해가 쨍쨍하고 건조하며 겨울엔 비가 자주 내립니다. 한여름에 기온이 높아도 뙤약볕을 피해 그늘진 곳이나 실내에 들어가면 비교적 쾌적해요. 겨울에는 습도가 높지만 추위가 심하지 않고요. 지중해성 기후가 인간이 활동하기에 가장 편안한 기후로 통하는 까닭입니다. 나폴리를 비롯한 지중해성 기후 지역의 바닷가에 유명한 여름 휴양지가 몰려 있는 것도 같은 이유예요. 이런 기후는 건강뿐 아니라 음식 문화와 재료에도 긍정적으로 작용한답니다. 나폴리피자만 보더라도 토마토나 올리브오일 같은 주요 재료가 이 지역의 지중해성 기후 덕분에 아주 맛있거든요.

## 햇빛과 화산재가 키운 명품 토마토

'진짜 나폴리피자'는 이탈리아의 원산지 인증 마크(D.O.P.)가 새겨진 '산마르차노San Marzano 토마토' 소스를 도 위에 발라 구워냅니다. 산마르차노 토마토는 가지나 고추처럼 길쭉하고 끝이 뾰족한 모양이에요. 다른 종류의 토마토에 비해 껍질이 얇고 물기와 씨가 적어 과육이 찰집니다. 게다가 새빨간 색깔이어서 아주 먹음직스럽죠. 날것은 새콤달콤한데 열을 가하면 진한 감칠맛이 우러나는 게 특징입니다.

'산마르차노 토마토'는 나폴리 동남쪽의 산마르차노 술 사르노

**토마토 품종 중 으뜸으로 꼽히는 산마르차노 토마토**

San Marzano Sul Sarno 지역의 특산물입니다. 지명을 따서 품종의 이름을 지은 거죠. 토마토는 남아메리카 산악 지대가 원산지인데요, 16세기에 스페인 사람들이 이 지역을 정복한 뒤 현지 원주민들이 먹던 토마토를 본국으로 들여왔습니다. 하지만 당시 스페인에선 토마토를 식품이 아니라 관상용으로 키웠어요. 모양이 낯선 데다 새빨간 빛깔에 거부감을 느껴 건강에 좋지 않다는 속설이 퍼졌기 때문이죠. 이탈리아에서도 처음엔 먹지 않았는데, 나폴리 일대에 들어온 토마토가 현지 기후 및 토양과 만나 놀라운 풍미를

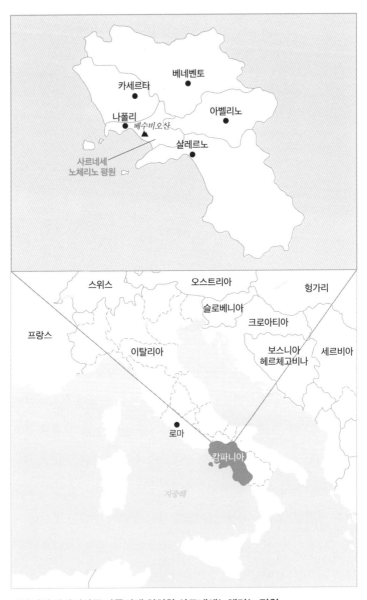

이탈리아 캄파니아주 나폴리에 위치한 사르네세노체리노 평원

내면서 피자나 파스타 등 각종 요리의 소스 재료로 활용되기 시작했어요. 그러면서 산마르차노 토마토가 탄생했습니다.

토마토는 따뜻한 기후와 햇빛을 좋아하는 작물입니다. 기온이 낮고 일조량이 부족한 환경에선 제대로 자라지 않지만, 너무 더워도 견디지 못해요. 오늘날 산마르차노 토마토는 나폴리 근처 사르네세노체리노 평원Agro Sarnese-Nocerino에서 생산된 것을 가장 좋은 상품으로 알아주는데요, 나폴리피자의 도에 바르는 토마토소스의 원산지도 바로 이곳입니다.

나폴리가 휴양지인 점에서도 알 수 있듯이, 이 일대는 여름이 길고 비가 내리는 날이 적습니다. 1년 중 맑은 기간이 거의 10개월이나 되죠. 이처럼 햇빛이 충분하고 적당히 더운 지중해성 기후 덕분에 토마토의 당도가 높아지면서 아주 맛있게 익는 것입니다.

산마르차노 토마토 맛의 또 다른 비결은 흙입니다. 사르네세노체리노 평원은 베수비오 화산 아래에 있는데요, 베수비오 화산은 폼페이 유적으로 유명하죠. 로마 제국의 항구 도시였던 폼페이가 79년 이 화산의 폭발로 순식간에 잿더미로 변했고, 당시의 도시 풍경과 생활상을 생생하게 보여 주는 유적이 18세기에 발굴되면서 세상을 놀라게 했습니다. 그런데 이 화산은 아직 활동을 멈추지 않은 활화산입니다. 마지막 분화는 1944년이에요. 사르네세노체리노 평원의 흙은 오랜 세월 화산에서 뿜어져 나온 화산재에 덮여 무기염류가 풍부합니다. 그 덕분에 토마토의 맛과 향, 색깔이 진해진 거라고 해요.

## 올리브 농사와 로마 제국의 공통점

나폴리피자 특유의 맛을 더하는 고명으로 '엑스트라 버진 올리브오일extra virgin olive oil'을 빼놓을 수 없습니다. 엑스트라 버진 올리브오일은 신선한 올리브 열매를 짠 즙에서 기름만 쏙 걸러 낸 것인데요, 정제 올리브오일과 달리 첨가물이 들어가지 않아 올리브의 순수한 맛과 향이 느껴지는 최고 품질의 기름입니다. 그래서 가격도 비싼 편이죠. 음식 재료로 널리 활용되지만, 그냥 먹어도 고소하고 향긋해 샐러드에 듬뿍 뿌리기도 합니다.

2023년 발표된 한 연구 결과에 따르면, 올리브오일의 등급에 따라 나폴리피자의 맛이 확연하게 달라진다고 해요. 엑스트라 버진 올리브오일을 뿌려서 만든 피자가 싸구려 정제 올리브오일이 들어간 것보다 훨씬 좋은 평가를 받았거든요.

올리브오일을 생산하는 주요 5개국을 살펴보면, 스페인, 이탈리아, 튀니지, 튀르키예, 그리스 순입니다. 모두 지중해 유역에 자

**올리브 농장** 올리브 열매에서 짜낸 오일은 폴리페놀 등 토마토소스에 들어 있는 좋은 물질을 보호하는 역할도 한다.

리하면서 영토 안에 지중해성 기후 지역이 있다는 공통점이 있어요. 올리브나무는 한겨울 기온이 2~18℃를 유지하는 곳에서 잘 자라는데요, -9℃ 이하로 내려가면 다 자란 나무조차 살아남기 어렵고, -6℃ 이하에서도 어린 나무와 가지는 쉽사리 죽습니다. 또한 올리브는 늦봄에서 초여름 사이에 꽃을 피워 여름 동안 열매가 여물고 가을에 수확하는데, 이 기간에 비가 많이 내리면 세균의 번식으로 병해를 입어요. 수확량이 크게 줄어드는 것은 물

**프랑스에 있는 퐁뒤가르 수도교** 로마 시대에 위는 수도교로 사용되었고, 아래는 사람들이 다녔다.

론 맛과 향도 떨어집니다. 그래서 겨울이 따뜻하고 여름이 건조한 지중해성 기후에 딱 맞는 작물이죠.

여름 내내 물이 아예 없어도 되는 건 아닙니다. 꽃과 열매, 줄기와 가지에 빗물이 자주 닿는 건 해로워도 뿌리에는 적당량의 물이 계속 필요하거든요. 그런데 지중해성 기후 지역에는 여름 강수량이 지나치게 부족한 곳이 많아요. 올리브와 같이 더운 여름에 키우는 작물은 건조 기후 지역과 마찬가지로 관개(농지에 물을 공급하고 빼는 것) 시설을 활용해야 합니다. 물이 모자라는 건 농경지뿐만 아니라 인구가 집중된 도시도 마찬가지예요. 그래서 이탈리아의 수도 로마를 비롯한 지중해성 기후 지역에는 약 2000년전 로마 제국이 건설한 수도교가 곳곳에 남아 있습니다.

수도교는 근처 산 위에서 흐르는 맑은 물을 평지로 끌어오기 위해 수로를 마련하면서 협곡이나 계곡처럼 땅의 높이가 낮아진곳에 세운 다리입니다. 길게 쭉 이어지는 다리가 무게와 중력을 견디지 못해 무너지지 않도록 힘을 분산시키는 아치 형태로 만들었습니다. 아름다운 자태를 자랑하는 고대 건축물인데, 일부는 아직도 사용되고 있어요. 나폴리와 인근 지역에서도 당시 이 일대에 물을 공급하기 위해 약 140km에 걸쳐 지어진 '나폴리 아우구스타 수도교Aqua Augusta(Naples)'의 흔적을 볼 수 있습니다. 다리 형태로 남아 있지는 않지만요.

# 마르게리타피자 지수가
## 보여 주는 것

'빅맥Big Mac'은 세계 최대 패스트푸드 프랜차이즈 업체인 '맥도날드'의 대표 상품입니다. 각국에서 빅맥이 얼마에 팔리는지, 미국 화폐인 달러로 환산한 것을 '빅맥 지수'라고 하죠. 돈의 가치, 물가 수준, 소비자의 구매력 등을 파악하는 경제 지표로 활용됩니다.

이와 비슷하게 이탈리아에는 '마르게리타피자 지수'라는 게 있어요. 마르게리타피자의 주재료인 밀가루, 토마토, 모차렐라 치즈, 올리브오일의 가격과 피자를 구울 때 들어가는 전기 사용료를 종합해서 계산한 것입니다. 왜 하필 마르게리타피자냐고요? 이탈리아에서 마르게리타피자는 재료값과 판매 가격이 저렴해 대표적인 서민 음식으로 통하거든요. 그래서 일반 가정의 살림 형편을 가장 생생하게 알려 주는 기준이 되는 거죠.

그런데 2022년 12월 마르게리타피자 지수가 1년 전에 비해 무려 30%나 폭등해 이탈리아 사회를 충격에 빠뜨렸습니다. 당시 이탈리아의 평균 물가 상승률이 12.3%로 높긴 했지만, 마르게리타피자를 만들어 먹는 데 들어가는 돈은 일반 상품이나 서비스 가격의 평균에 비해 두 배 이상 더 비싸진 셈이었죠. 이후 상승폭이 조금씩 줄긴 했지만, 여전히 평균 물가 상승률보다 한참 높았습니다. 특히 올리브오일값이 두 배 넘게 오른 게 타격이 컸어요.

마르게리타피자 지수와 올리브오일 가격이 이처럼 폭등한 데는 다양한 요인이 있지만, 기후 변화의 영향을 무시할 수 없습니다. 지중해 연안 국가에서 심각한 가뭄이 이어지며 농사를 망치는 일이 잦아졌거든요. 특히 세계 최대 올리브오일 생산 국가인 스페인을 덮친 기근과 폭염의 영향이 컸습니다. 건조한 날씨에 잘 버티는 올리브나무들조차 말라 죽으면서 2023년 스페인의 올리브오일 생산량이 절반 이하로 뚝 떨어져 전 세계적으로 가격이 치솟았죠.

이탈리아 역시 지난 30년간 꾸준히 올리브 수확량이 줄고 있습니다. 들쑥날쑥한 기온과 강수량도 문제지만, 겨울이 너무 따뜻해진 탓에 올리브나무에 해를 끼치는 올리브 초파리가 왕성하게 번식하는 것이 이탈리아 농민들의 큰 고민거리입니다.

올리브오일이 점점 귀해지면서 이탈리아, 스페인, 그리스 등 남유럽에서는 '가짜 올리브오일'을 제조해서 판매하는 사건이 계속 발생하고 있습니다. 마트에서 올리브오일을 훔치는 도둑도 크게 늘었고요. 심지어 밤중에 올리브 농장에 몰래 들어가서 나무를 통째로 뽑아가는 일까지 벌어졌죠.

무더위엔
화끈 얼얼
패스트푸드

온대 겨울 건조Cw

중국
탄탄면

동글동글 깜찍한 외모와 천진난만한 애교로 큰 사랑을 받은 푸바오가 아쉬움 속에서 2024년에 중국으로 돌아갔습니다. 푸바오의 새 터전이 된 곳은 중국 쓰촨성四川省의 '션슈핑 판다 기지'입니다.

쓰촨성에는 자이언트 판다의 번식과 보호를 연구하며 방문객들이 관람도 할 수 있는 '연구 기지'가 여러 군데 있어요. 세계 최대의 자이언트 판다 서식지인 '쓰촨 자이언트 판다 보호 구역'도 자리하고 있죠. 중국에서 서식하는 1900여 마리의 야생 자이언트 판다 가운데 1400여 마리가 쓰촨성에 있어요. 푸바오처럼 관련 시설에서 보호 중인 개체의 약 86%도 이 지역에 머물고 있습니다. 자이언트 판다의 주요 서식지가 쓰촨성의 산악 지대이기 때문이죠.

그런데 쓰촨성은 판다 말고도 자연 경관이나 유적 같은 볼거

**우화하이호** 탄산 칼슘이 녹아 있어 물빛이 푸르다. 신비로운 풍경들로 유명한 주자이거우에서 가장 아름다운 호수다.

리가 아주 풍부한 곳이에요. 북부 산악 지대인 '주자이거우九寨溝'가 대표적입니다. 근사한 자태의 산, 호수, 폭포가 가득해 1992년 유네스코 자연유산에 등재된 명소인데요, 특히 공작새의 깃털처럼 신비로운 푸른빛을 내는 우화하이호五花海가 유명합니다.《삼국지》의 팬이라면 유비가 쓰촨 일대에 건국한 촉한(촉나라)의 자취도 놓칠 수 없겠죠. 혹시 푸바오를 만나러 쓰촨성을 찾아간다면, 이런 곳들을 둘러보는 것도 여행 일정에 함께 넣어야 후회하지 않을 겁니다.

아, 그리고 중요한 게 또 하나 있어요. 바로 '쓰촨요리'를 실컷 맛보는 겁니다. 한국에선 '사천요리'라고도 불리는 쓰촨성의 음식은 매콤한 게 특징이에요. 지금부터 알아볼 '탄탄면'도 얼큰한 맛의 국수입니다.

## 우물물을 말려서 얻은
## 귀한 짠맛

알싸한 고추기름, 고소한 돼지고기와 땅콩 고명에 호로록 넘어가는 국수가 매력적인 탄탄면은 쓰촨성이 자랑하는 별미입니다. 한국에선 탄탄면으로 알려져 있는데, 중국에서는 '단단몐擔擔面'이라고 불러요. 중국어로 '단단'은 '짐을 짊어지다', '몐'은 '국수'라는 뜻이에요. 풀이하면 '짐에 짊어진 국수'가 되는데, 참 요상한 이름이죠? 이런 명칭이 붙게 된 사연에 대해 지금부터 차근차근 살펴보겠습니다.

유라시아판

티베트고원

히 말 라 야 산 맥

인도판

쓰촨성

■ 알프스-히말라야 조산대

칭하이성

간쑤성

산시성

시짱 자치구
(티베트)

쓰촨성

청두 ●

쓰촨 분지

쯔궁 ●

충칭직할시

윈난성

구이저우성

■ 쓰촨 분지

**알프스-히말라야 조산대와 쓰촨 분지** 인도판과 유라시아판이 충돌하며 쓰촨성
서쪽에 티베트고원과 히말라야산맥이 생겼다. 지금도 쓰촨성에서는 지진이 자주
일어난다.

탄탄면의 고향은 쓰촨성 동남부의 쯔궁自贡이라는 도시입니다. 약 2000년 전부터 소금을 생산해 큰 번영을 누린 곳이에요. 좀 이상하죠? 지도를 보면 쓰촨성은 바다에서 멀리 떨어진 내륙 지방인데 어떻게 소금을 생산할까요? 쯔궁의 소금은 바닷물이 아니라 우물에서 뽑아낸 지하수를 말려서 얻습니다. 쓰촨 지역은 높은 산맥으로 둘러싸인 동그란 형태의 분지인데, 아주아주 옛날에는 바다였어요. 그 시기에 땅속 깊이 스며든 바닷물의 염분이 지하수에 진하게 남아 있는 곳이 바로 쯔궁입니다. 설명을 덧붙이면, 이 일대는 알프스-히말라야 조산 운동(산맥을 만드는 땅 표면의 변화와 움직임)으로 솟아올랐습니다. 바닷물이 빠져나가면서 육지로 변했죠.

소금은 우리 몸에 나트륨을 공급해 신체 기능을 유지시키는 중요한 식품입니다. 그런데 교통이 불편했던 옛날에 중국의 내륙 지역에서는 바다에서 나는 소금을 구하기 어려웠어요. 그래서 쯔궁의 정염井鹽(우물 소금)은 귀한 대접을 받았죠. 쓰촨 음식이 맛있기로 유명해진 데는 소금이 풍부한 점도 적지 않은 영향을 끼쳤을 겁니다. 맛의 기본은 간을 맞추는 거니까요. 오늘날에도 쓰촨성의 소금 생산량은 중국의 모든 성을 통틀어 3위일 정도로 높습니다.

우물 소금의 생산량이 특히 크게 늘어난 건 청나라 때입니다.

**부유했던 쯔궁의 옛 모습을 볼 수 있는 소금 역사 박물관**

지하수를 퍼 올리는 기술과 장비가 발달한 덕분이었죠. 1835년
에 생긴 '선하이 우물燊海井'이 대표적입니다. 이 우물은 땅속으
로 1km 넘게 파 내려간 뒤 내나무로 만든 관을 통해 지하수를 뽑
아 올렸습니다. 당시에는 세계에서 가장 깊은 우물이었다고 해

요. 지금도 설비만 현대식으로 바꿨을 뿐 여전히 소금 채취 시설로 활용됩니다. 관광객들이 견학도 할 수 있죠.

또한 '소금의 도시'답게 쯔궁에는 '소금 역사 박물관'이 있는데, 1752년 소금 무역상들이 지은 연회장 건물을 그대로 사용 중입니다. 궁궐 같은 호화로운 장식을 보면 쯔궁이 당시 소금 거래로 얼마나 큰돈을 벌었는지 짐작할 수 있습니다.

## 소금 산업 따라 생긴 멜대 국수

이처럼 소금 산업이 점점 발전하면서 쯔궁에는 멀리 다른 내륙 지방에서 소금을 사려는 상인들이 모여들어 늘 북적였습니다. 번화한 곳에선 음식 장사가 잘되게 마련이죠. 그런데 당시 쯔궁에는 길거리에서 파는 값싼 음식으로 간단하게 끼니를 해결하는 사람이 많았어요. 상인들은 더 싸고 맛 좋은 소금을 구하러 다니느라 온종일 바쁘기도 하고, 식비를 아껴서 이윤을 많이 남겨야 했으니까요.

이런 모습을 유심히 지켜보며 장사 수완을 발휘한 사람이 있습니다. 돈 벌러 시골에서 올라온 천바오바오陈包包입니다. 1841년에 그는 이리저리 돌아다니며 음식 장사를 하기로 결심했습니다. 메뉴는 자신이 맛있게 잘 만드는 국수로 정했어요. 다만 문제가 있었습니다. 국수는 미리 요리해서 가지고 다니며 팔기에 적당한 음식이 아니기 때문이었죠. 면을 미리 삶아 놓으면 금세 불어 버리고 식어서 맛이 떨어지니까요.

고민 끝에 천바오바오는 단단하고 기다란 대나무의 양쪽 끝에 커다란 바구니를 하나씩 매달아 멜대를 만들었습니다. 그리고 나서 한쪽 바구니에는 삶지 않은 국수, 각종 양념, 그릇, 젓가락 등 식재료와 식기를 담고, 다른 한쪽에는 화로, 냄비 등 조리 도구를 담았어요.

그는 이 멜대를 어깨에 짊어지고 온 동네를 돌아다녔습니다. "맛있는 국수 좀 맛보세요!"라고 목청껏 외치면서 열심히 손님을 불러 모았습니다. 그러다가 손님이 국수를 주문하면 그 자리에서 바로 화로와 조리 도구, 식재료, 식기를 모두 꺼내 요리했습니다. 즉석에서 만들어 주는 매콤한 국수는 불지도 않고 뜨끈해서 맛이 좋았어요.

입소문이 나며 천바오바오의 국수 요리는 불티나게 팔렸습니다. 그러자 이를 흉내 내서 멜대를 짊어지고 다니며 국수 장사를 하는 행상이 크게 늘어났어요. 길거리에서 따로 이름도 없이 팔던 싸구려 국수라서, 사람들은 '짊어지고 다니며 파는 국수'라는

**청두의 탄탄면**

뜻으로 '단단몐'이라고 부르기 시작했죠.

쯔궁의 탄탄면은 쓰촨성의 중심지이자 미식의 고장인 청두成都에 전해지면서 맛이 더욱 좋아졌어요. 청두의 요리사들이 탄탄면에 곱게 다진 돼지고기 고명을 추가한 것입니다. 이후 탄탄면은 쓰촨성 곳곳은 물론, 충칭重慶 등 다른 지방으로 널리 알려지며 중국인들의 입맛을 사로잡았습니다.

# 건조한데 습하다?
## 대나무와 마라의 땅

쓰촨성의 명물인 탄탄면과 자이언트 판다에게는 공통점이 있습니다. 바로 대나무입니다. 탄탄면이라는 이름은 대나무 멜대에 짊어지고 다니며 팔던 것에서 탄생했어요. 그리고 자이언트 판다의 주식이 대나무입니다. 야생의 자이언트 판다는 대나무 숲에 서식하면서 온종일 엄청난 양의 대나무를 먹어 치워요.

여기서 유추할 수 있는 점이 하나 있죠. 네, 쓰촨성에는 대나무가 정말 흔합니다. 쓰촨성 남부에는 '수난주하이蜀南竹海'라는 관광명소가 있는데요, '촉나라 남쪽의 대나무 바다'라는 뜻입니다. 울창한 대나무 숲을 빽빽하게 메운 수많은 푸른 댓잎이 바람에 산들거리는 모양새가 마치 파도치는 바다처럼 보여 이런 이름이 붙었어요. 이곳뿐만 아니라 쓰촨성 구석구석에 대나무 숲이 있어 대나무로 만든 생활용품이나 공예품이 많고 자이언트 판다들이 몰려 살게 된 것입니다.

대나무는 따뜻하고 습한 날씨에 잘 자랍니다. 쓰촨성은 면적이 한국의 약 다섯 배에 달할 정도로 넓고 높은 산과 구릉, 평원이 있어 땅의 높낮이와 위도에 따라 기후도 다양합니다. 산 위를 제외하면 열대와 온대의 중간 기후인 아열대 기후에 속한 곳이

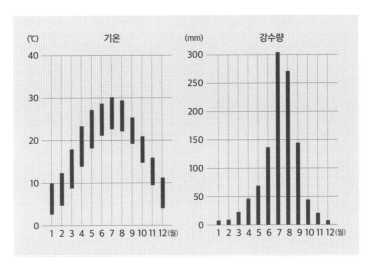

**청두의 기온 및 강수량(2023)** ©climate-data

많죠. 북쪽의 높다란 산들이 시베리아에서 불어오는 바람을 차단해 분지 지역은 겨울에도 추위가 심하지 않고 서늘하기 때문입니다. 가장 추운 1월에도 대부분 지역이 대체로 영상(0℃ 이상)의 기온을 유지해요.

쾨펜의 기후 구분으로는 여름과 겨울의 기온 및 강수량 차이가 극심한 온대 겨울 건조 기후에 해당합니다. 4계절이 뚜렷한 이 지역이 온대 겨울 건조 기후로 분류되는 이유는 겨울 강수량이 무척 적어서예요. 비가 내리지 않아도 대기 중 습도는 늘 높은 편입니다. 내륙 지역이지만 강과 호수가 많은 데다 분지 지형의

수난주하이

특성상 습기를 머금은 공기가 다른 지역으로 좀처럼 빠져나가지 못해 고여 있거든요. 그래서 대나무가 서식하기에 알맞은 환경인 거죠. 하지만 미세먼지 같은 오염 물질도 습기와 함께 갇혀 대기 질이 나쁜 편입니다.

원래 습도가 높은데, 여름에는 기온이 높아지고 비도 많이 내리는 탓에 끈적끈적하면서 숨이 턱턱 막히는 무더위가 이어집니다. 쓰촨성 주민들이 매운 음식을 즐겨 먹는 이유입니다. 고추기름이 듬뿍 들어간 탄탄면은 물론, 우리에게 익숙한 마파두부(마포더우푸)도 이 지역에서 비롯했어요. 중국의 전통 한의학에서는 습도가 높으면 몸에도 습한 기운이 들어 각종 질병의 원인이 된다고 보는데요, 중국인들은 매운 음식이 땀을 흘리게 해서 몸의 습기를 밖으로 내보내 기력을 회복시킨다고 믿습니다. 한국에서 무더위가 가장 심한 복날 펄펄 끓인 뜨거운 삼계탕을 먹으며 '이열치열以熱治熱(더운 것으로써 더운 것을 다스린다)'하는 것과 비슷한 셈이죠.

열대 기후 지역 음식들이 그렇듯이, 자극적인 매콤한 맛으로 입안에 침이 고이게 만들어 더위로 잃은 입맛을 돋우려는 목적도 있습니다. 한국에서 인기 있는 '마라 맛'도 쓰촨요리에 널리 쓰이는 향신료에서 비롯된 거예요. '마라麻辣'는 '(혀기) 얼얼하고 맵다'라는 뜻인데요, 쓰촨성의 특산물인 화자오花椒나 마자오麻椒

같은 향신료가 혀를 마비시킨 듯한 얼얼한 맛을, 고추가 매운맛을 담당합니다.

## 쓰촨을 떠난 탄탄면,
## 땅콩버터를 만나다

요즘은 한국에도 탄탄면을 파는 식당이 늘고 전문 프랜차이즈까지 생겼어요. 그런데 한국에서 먹은 탄탄면을 떠올리며 쓰촨성에 가서 이 음식을 주문하면 당황할 수도 있어요. 가게마다 조금씩 차이가 있지만, 본고장의 '원조 탄탄면'은 모양새나 맛이 다르거든요.

한국의 탄탄면은 매콤한 벌건 국물에 국수와 여러 고명이 푹 담겨 나오는 게 일반적이죠. 그래서 얼핏 보면 중화요리점의 짬뽕과 비슷한데, 쓰촨성의 탄탄면은 국물이 없는 경우가 대부분입니다. 비빔국수처럼 다진 돼지고기, 자차이(쓰촨성의 채소 절임), 파 등 고명과 양념장을 면에 되작되작 비벼 먹어요. 처음 그릇에 담겨 나올 땐 색깔도 빨갛지 않죠. 하지만 겉모습만으로 얕잡아 봤다간 큰코다쳐요. 쓰촨요리답게 양념장에 혀가 얼얼해지는 화자오가 들어가고 매콤한 고추기름까지 듬뿍 넣거든요. 그야말로

**화자오** 알싸한 매운맛이 나는 후추

'마라 맛'의 국수인 거죠.

고명의 가짓수와 양도 한국에 비하면 적은 편입니다. 이 지역 주민들에게 탄탄면은 제대로 차린 식사 메뉴라기보다 한국의 떡볶이처럼 자극적인 맛으로 허기를 달래는 간식이에요. 아주 작은 크기의 사발에 담아 팔기도 합니다. 탄탄면은 애당초 손님이 주문하면 곧바로 만들어 주는 패스트푸드로 출발했잖아요. 그러니까 국수만 후딱 삶아서 양념장에 비벼 먹는 간편한 음식이 될 수밖에 없었죠. 아무리 힘이 세다 한들, 국물을 끓일 물까지 실으면 멜대가 너무 무거워 여기저기 돌아다니기 어려웠을 테니까요. 그럼 어쩌다가 한국에 넘어온 탄탄면은 국물이 흥건해진 걸까요?

19세기 중반, 청나라는 영국과 벌인 두 차례 '아편전쟁'에서 패한 뒤 쇠락했습니다. 이후 중국은 사회적으로 큰 혼란을 겪었죠. 유럽 열강과 일제의 침략이 이어져 곳곳이 전쟁터로 전락했고, 자본주의 세력과 공산주의 세력 사이에 치열한 내전이 벌어졌습니다. 결국 1949년, 중국 본토는 완전히 공산화되었어요. 이 과정에서 수많은 중국인이 전쟁과 공산 치하를 피해 영국의 영토였던 홍콩이나 대만, 싱가포르, 일본 등으로 이주했어요. 쓰촨 지역의 요리사들도 마찬가지였습니다.

새로운 터전에서 쓰촨요리 전문점을 차린 그들은 고향의 대표 음식인 탄탄면도 메뉴에 올렸는데요, 현지에서 구할 수 있는 재료와 주민들의 입맛이 달랐기에 탄탄면의 조리법도 변화했어요. 특히 부드러운 맛의 음식을 선호하는 홍콩이나 일본 사람들은 쓰촨 특유의 화끈한 '마라 맛'에 익숙하지 않았어요. 그래서 진한 고기 육수에 고추기름과 땅콩버터를 푼 국물로 매운맛을 중화시킨 탄탄면이 등장해 인기를 끌었습니다. 이렇게 달라진 탄탄면이 한국에도 넘어온 것입니다. 국물이 흥건한 탄탄면은 쓰촨성을 제외한 중국 본토 다른 지역에서 유행하며 '역수입'되기도 했죠.

## '황제의 곳간'은 계속될 수 있을까?

중국에는 "네 발 달린 건 책상 빼고 다 먹고, 날개 달린 건 비행기 빼고 다 먹는다"라는 우스갯소리가 있습니다. 식재료와 식성의 폭이 워낙 넓고 다양한 것을 과장한 표현이죠. 그런데 쓰촨성은 중국 내에서도 먹거리가 정말 다채로운 고장입니다. 다양한 기후와 지형, 비옥한 토양 덕분에 열대, 온대, 냉대 기후에서 자라는 작물이 모두 있기 때문입니다. 과일만 보더라도 열대 지방 과일인 리치, 망고부터 서늘한 기후에서 잘 자라는 사과, 배까지 재배되죠.

곡물도 마찬가지입니다. 여름에 덥고 비가 많이 내리는 쓰촨성은 쌀의 주요 산지로 꼽히지만 밀도 많이 생산합니다. 중국의 곡물 생산은 기후에 따라 남부에선 쌀, 북부에선 밀 위주로 크게 나뉘는데, 그 중간 지역인 쓰촨성에서는 쌀과 밀이 모두 자라요. 겨울엔 서늘하고 비가 거의 내리지 않아 밀을 재배하기에 알맞은 환경이거든요. 그래서 밀가루로 만든 면 요리도 발달했습니다. 쓰촨성에서는 탄탄면 외에도 매운 국수인 이빈란몐宜宾燃面, 토끼고기 국수인 투쯔몐兔子面, 한국의 비빔냉면처럼 냉면을 매콤한 양념에 비며 먹는 쓰촨량몐四川凉面 등 각종 향토 국수 요리를 맛볼 수 있습니다.

쓰촨 분지 일대는 이처럼 먹거리가 풍부해서 예로부터 '천부지국天府之國'이라고 불렸습니다. '천자(중국 황제)의 곳간이 되는 지역'이라는 뜻인데, 땅이 기름져 온갖 진귀한 산물이 나는 곳을 가리킵니다. 풍요로운 쓰촨성 일대의 역사는 기원전 3세기 청두에 지어진 '두장옌都江堰 수리 시설(물을 공급하기 위한 시설)'에서도 엿볼 수 있답니다.

원래 청두 주변의 평원은 북쪽의 산지에서 흘러 내려오는 민장강이 자주 범람해 툭하면 수해를 입었다고 해요. 경사진 지형 탓에 장마철에 폭우가 내리거나 겨울 동안 산 위에 쌓인 눈이 한꺼번에 녹을 때 엄청난 양의 물이 갑자기 밀려와 땅 위로 넘친 것입니다. 그래서 강물이 두 갈래로 나뉘어 흐르며 수압이 약해지도록 땅을 파 새로 물길을 낸 것이 두장옌 수리 시설입니다. 그 덕분에 홍수를 방지한 것은 물론 새 물길을 따라 평원 구석구석으로 농업용수를 고루 공급해 농경지가 크게 늘며 '천부지국'이 된 거죠. 2000년 유네스코 세계 문화유산으로 등재된 두장옌 수리 시설은 지금도 여전히 활용되며 쓰촨성의 논과 밭에 물을 공급하고 있습니다.

쓰촨요리가 지금처럼 다채롭고 맛있어진 데는 기후, 지형, 토양 등의 자연조건과 더불어 자연의 한계를 극복하려는 인간의 노력 또한 큰 몫을 한 거예요.

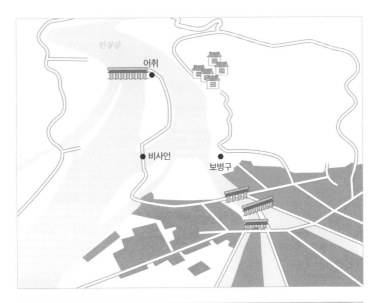

**두장옌 수리 시설의 구조** 어취魚嘴는 강물을 두 갈래로 나누고, 비사언飛沙堰은 자갈, 모래 등을 걸러 낸다. 보병구寶瓶口는 청두 평원으로 물을 끌어오는 역할을 한다. 사진은 민장강이 둘로 나뉘는 지점에 있는 어취 제방의 모습이다.

그러나 기후 변화가 이 모든 것을 망치고 있어요. 2022년 여름, 쓰촨성은 60년 만의 기록적인 폭염과 가뭄으로 큰 피해를 입었습니다. 낮 기온이 40℃까지 치솟았고, 쓰촨 지역 곳곳의 강물이 말라붙어 쫙쫙 갈라진 바닥을 드러냈죠. 가축이 떼죽음을 당하고 농작물이 말라죽거나 제대로 여물지 않아 농민들은 큰 피해를 입었습니다. 공급이 줄자 당연히 식품 가격이 상승했어요. 하지만 누구를 탓하겠습니까? 유럽과 미국 이후, 지구 온난화의 주요 원인인 탄소를 전 세계에서 압도적으로 가장 많이 배출하는 나라가 다름 아닌 중국인걸요.

팜파스의
소는
특별하다

온난 습윤 Cfa

## 아르헨티나
## 아사도

'축구의 나라' 하면 어디가 떠오르나요? 브라질? 영국? 음, 모두 쟁쟁한 축구 강국이지만, 2023~2024년 국제축구연맹FIFA 남자 축구 랭킹 1위 국가는 아르헨티나입니다. 2022년 카타르 월드컵에서도 아르헨티나 대표 팀이 우승컵을 거머쥐었죠. 리오넬 메시의 나라인데 뭐 더 설명할 필요가 있나요. '축구의 신'으로 불린 디에고 마라도나도 아르헨티나 출신입니다.

 이 나라는 축구만 유명한 게 아닙니다. 또 하나 빼놓을 수 없는 명물이 있어요. 바로 소고기입니다. 그래서 아르헨티나는 '소고기의 나라'로도 불려요. 사실 국가 및 지역별 생산량 순위에서는 미국, 브라질, 중국, 유럽 연합, 인도에 이어 세계 6위입니다. 그런데 왜 '소고기의 나라'가 되었냐고요? 인구보다 소가 더 많은 아르헨티나에선 소고기 가격이 무척 싸거든요. 그 덕분에 소고기 위주의 식단이 되어, 아르헨티나는 연간 1인당 소고기 소비량(약

**팜파스에 방목된 소** 아르헨티나의 소들은 사료보다 팜파스(대초원)의 풀을 주로 먹고 자란다.


47kg)이 가장 많은 나라입니다.

2024년 3월 기준으로, 전 세계를 통틀어 소고기가 가장 비싼 나라는 한국(1kg당 60.65달러)입니다. 놀랍게도 아르헨티나의 소고기 가격(1kg당 6.1달러)은 한국의 10분의 1 정도에 불과하죠. 한국에서 소고기 1인분 사 먹을 값으로 아르헨티나에선 10인분을 주문할 수 있는 셈입니다. 그러니 평소 소고기를 좋아한다면 아르헨티나는 천국 같은 여행지가 될 겁니다. 다양한 소고기 요리가 있는데, 여기서는 아르헨티나의 국민 음식으로 꼽히는 '아사도Asado'를 소개해 볼게요.

## 지구 반대편 나라의 닮은 점과 다른 점

상상을 해 보죠. 한국에서 땅을 파고 파고 또 파서 계속 지하로 내려가면 결국 어디에 도착할까요? 지구는 둥그니까 지구 반대편의 표면을 뚫고 다시 밖으로 나가겠죠. 지구의 어느 한 장소에서 이처럼 정반대편 표면에 있는 곳을 대척점이라고 합니다. 한국의 대척점은 남아메리카에 있는 아르헨티나와 우루과이의 앞바다입니다. 그러니까 아르헨티나는 한국의 지구 반대편에 있는 나라인 셈이죠. 항공기를 타도 최소한 한 번은 환승해야 하고 비행 시간도 하루가 넘게 걸리는, 우리에겐 가장 먼 여행지입니다.

대척점에 있는 두 지역은 정반대인 것들이 있습니다. 우선 시간이 그렇습니다. 한국이 낮 12시일 때 아르헨티나는 밤 12시입니다. 시차가 딱 12시간이에요. 계절도 마찬가지입니다. 한국이 겨울일 때 아르헨티나는 여름이고, 한국이 봄일 때 아르헨티나는 가을입니다.

그런데 서로 닮은 점도 있습니다. 두 나라 모두 대륙의 동쪽 해안, 즉 동안에 자리합니다. 아르헨티나의 국토는 면적이 세계 8위로 한국보다 약 28배나 넓으며 남북으로 길게 뻗어 있고 지형도 다양해 여러 기후가 나타나죠. 한국의 대척점에서 가까운 수도 부에노스아이레스 일대는 4계절이 뚜렷한 온대 기후 지역이라는 점도 같습니다.

한국이나 아르헨티나가 자리한 대륙 동안의 온대 기후는 기온의 연교차(1년 동안 측정한 최고 온도와 최저 온도의 차이)가 큰 편입니다. 아울러 계절에 따라 바람의 방향이 바뀌는 계절풍의 영향을 많이 받죠. 쾨펜의 기후 구분으로 보면 온대 겨울 건조와 온난 습윤 기후가 나타나는데, 두 기후의 차이점은 강수량에 있습니다. '습윤濕潤'은 '젖어서 축축하다'라는 뜻이에요. 여름엔 비가 집중적으로 내리고 겨울엔 강수량이 매우 적은 온대 겨울 건조 기후와 달리, 온난 습윤 기후는 1년 내내 비가 비교적 고르게 내려 '습윤'한 날씨입니다. 또한 온난 습윤 기후는 가장 따뜻한 달의 평균 기온이 22℃ 이상으로 덥고 겨울에도 별로 춥지 않아 '온난'합니다. 따뜻하고 습도가 높은 해양성 열대 기단과 난류의 영향을 받

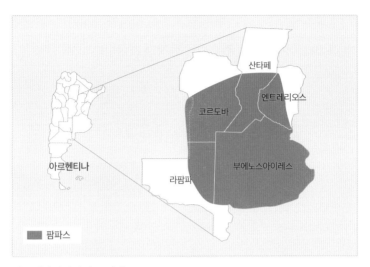

산타페

엔트레리오스

코르도바

아르헨티나

부에노스아이레스

라팜파

■ 팜파스

**아르헨티나의 팜파스 지역**

아서 이런 날씨가 나타나는 거죠.

한국에서는 제주도와 일부 해안 지역에서 온난 습윤 기후가 나타나는데, 아르헨티나의 부에노스아이레스를 비롯해 그 주변 해안으로 펼쳐진 '팜파스Pampas'가 같은 기후에 해당합니다. 아르헨티나 국토의 5분의 1을 차지하는 팜파스는 이 지역의 원주민 말로 '평평한 땅'이라는 뜻이에요. 그 이름처럼 산이 거의 없고 평평한 들판이 드넓게 펼쳐져 있습니다. 농경지나 목장으로 활용하기 위해 들불을 내면서 나무가 사라졌죠. 따라서 들판에는 소가 잘 먹는 부드러운 풀이 무성합니다. 습윤한 날씨 덕택에 대초원이 형성된 거죠. 이런 환경적 조건이 갖춰져 소고기가 풍부하게 생산되며 아사도 같은 요리가 탄생한 것입니다.

## 드넓은 들판이 기른
## 아르헨티나의 자부심

스페인어로 '구이'를 뜻하는 아사도는 숯불구이 바비큐입니다. 양고기, 닭고기 등 여러 종류가 있지만 소고기 아사도가 특히 유명합니다. 큼직한 소갈비 부위에 소금을 뿌려 숯불에 통째로 굽는데, 마늘, 오레가노, 파슬리 등을 곁들이거나 아르헨티나의 스테이크 양념인 치미추리를 찍어 먹기도 해요. 하지만 고기를 좋아하는 사람들은 그냥 소금만 찍어서 먹습니다. 원래 진짜 맛있는 소고기는 다른 양념이 필요 없죠.

팜파스의 소들은 끝없이 펼쳐진 들판을 자유롭게 돌아다니며 신선한 풀을 뜯어 먹고 자랍니다. 갑갑한 축사에서 사료만 먹여 살찌운 소와 달리 억지로 생긴 마블링이 없어요. 그래도 육질이 부드럽고 육즙이 아주 고소합니다. 그래서 아르헨티나 사람들은 소고기에 대한 자부심이 무척 강합니다. 현지 고기 마니아들이 선호하는 굽기 정도는 살짝 익혀 붉은 육즙이 줄줄 흘러나오

**치미추리를 얹은 아사도**

**아사도를 요리하는 모습** 아르헨티나에서 아사도는 '야외 바비큐 파티'를 뜻하기도 한다.

는 레어나 미디엄이라고 해요. 덜 익혔을 때 고기 본연의 풍미를 가장 잘 느낄 수 있기 때문이죠.

부에노스아이레스 시내에는 아사도를 파는 식당이 곳곳에 있습니다. 그런데 주민들은 가족이나 친구들끼리 모여 집 뒷마당이나 야외로 나가 직접 아사도를 구워 먹는 것을 더 즐깁니다. 아사도 파티에는 나름의 규칙이 있습니다. 고기를 큼직한 덩어리째 굽기 때문에 몇 시간씩 걸리는데요, 이걸 '아사도르Asador(고기 굽는 사람)'라고 불리는 사람이 처음부터 끝까지 혼자서 다 합니다. 다른 사람이 도와주거나 간섭하면 안 됩니다. 무엇보다 눈길을 끄는 건 아사도르는 남성이 맡는다는 점이에요. 여성들은 보통 고기 근처에 얼씬도 하지 않고 상차림을 준비합니다.

그래서 '마초적인 음식'이라거나 '성 차별적인 음식'이라는 말도 있는데, 아사도가 '가우초gaucho'의 음식에서 비롯했기 때문에 이런 독특한 풍습이 생겼습니다. 가우초는 팜파스 초원에서 말을 타고 소 떼를 몰러 다니던 남성, 즉 목동을 의미하는 말입니다. 남아메리카 원주민 말로 '고아', '사생아', '떠돌이' 등을 일컫는 '우아초huacho'에서 비롯했다고 알려져 있어요. 고아, 사생아, 떠돌이, 그리고 목동? 뭔가 잘 연결되지 않는 것 같은데, 이 단어에는 숨겨진 속뜻이 있습니다. 그걸 알기 위해선 아르헨티나의 스페인 식민 지배 시대로 거슬러 올라가야 해요.

# 스페인의 수탈과
# 가우초의 거친 식사

16세기에 스페인 침략자들은 총과 대포를 앞세워 중남미 지역을 정복했습니다. 오늘날 멕시코 일대에 해당하는 아즈텍 제국, 페루 일대의 잉카 제국을 차례로 무너뜨린 뒤 계속 남쪽으로 내려가 아르헨티나와 칠레 일대까지 집어삼켰습니다. 처음엔 원주민들을 학살하며 그들이 가진 금, 은 등 유럽에서 비싼 값에 팔리는 귀금속을 빼앗았습니다. 그리고 나중엔 식민지로 삼아 원주민이나 아프리카에서 납치해 온 흑인 노예를 착취하며 광산에서 귀금속을 캐내고 대규모 농장을 운영했죠. '아르헨티나'는 라틴어로 '은'을 뜻하는 '아르겐툼argentum'에서 따온 이름이에요. 유럽인들 입장에선 '은을 빼앗기 위한 식민지'였던 역사가 이름에 담겨 있습니다.

비극은 거기서 끝이 아닙니다. 중남미 식민지에선 백인 침략자 남성들이 수많은 원주민 여성을 겁탈해, 혼혈 후손인 메스티소mestizo가 점점 늘었어요. 팜파스에서도 마찬가지였죠. 그렇게 태어난 아이들은 버림받아 고아가 되거나 백인 아버지에게 외면받은 사생아인 경우가 흔했습니다. 어려서부터 보살핌을 받지 못하며 우아초라고 불린 그들은 허허벌판에서 떠돌이 생활을 했습니다. 혼자 힘으로 살아남아야 하니 용맹하고 야생에 익숙해질 수밖에 없었죠. 말 타는 솜씨도 뛰어났고요.

한편 18세기 이후 팜파스에는 유럽에서 소를 들여와 대규모 목장을 운영하는 부유한 백인 농장주들이 늘었습니다. 당시엔 고기를 얻을 목적이 아니라 유럽으로 가죽을 수출하기 위해서 소를 키웠어요. 초원에 풀어 놓고 키우면서 반쯤 야생화된 소 떼를 길들이거나 퓨마 같은 포식 동물을 쫓아내는 일은 여간 위험하고 고된 게 아니었죠. 그래서 초원 생활에 빠삭한 우아초를 목동으로 고용합니다. 그러면서 원주민의 단어 '우아초'가 '가우초'로 발음이 달라지고 의미도 '목동'으로 바뀐 것으로 보입니다. 나중에는 메스티소가 아닌 백인 등 다른 인종의 목동들도 가우초로 불렸습니다.

가우초는 결혼해서 가정을 꾸리는 경우가 드물었고 혼자 살았습니다. 돈이 생기는 대로 도박, 음주, 매춘 등 향락에 탕진하는 게 일상이었다고 해요. 기타를 치며 세속적인 노래를 부르는 걸 낙으로 삼았고요. 서로 힘자랑하느라 툭하면 주먹다짐을 벌이기도 했죠. 이처럼 자유분방하면서 야성적인 사나이들의 삶은 남아메리카의 소설과 시의 소재가 되었고, 그렇게 탄생한 장르가 '가우초 문학'입니다. 가우초 문학은 19세기 아르헨티나와 우루과이에서 크게 유행해 수많은 작품을 낳았어요.

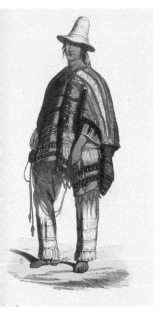

**1844년 가우초를 그린 삽화와 현대의 가우초**

　의식주도 남달랐습니다. 팜파스의 초원에는 큰 나무가 많지 않아 햇빛을 잘 가려 주고 빗물에 몸을 덜 젖게 해 줄 옷이 필요했어요. 또한 온종일 말을 타고 다니기에 편한 복장을 입어야 했죠. 그래서 챙이 넓은 둥근 모자인 솜브레로, 우비 역할을 해 준 모직 망토인 판초, 기저귀를 차듯이 허리에 두르는 치리파, 통이 넓고 헐렁한 바지인 봄바차 등을 착용했습니다.

　가우초는 번듯한 집도 따로 없었어요. 소 떼를 몰고 다니다가 밤이 되면 진흙으로 대충 지은 작고 허름한 움막 안에 들어가서 건초 위에 판초를 깔고 잠을 청했죠.

식사는 온통 고기 위주였습니다. 어차피 농장주가 원하는 건 수출용 소가죽이니까, 가우초들은 배고프면 소를 잡아 큼직하게 토막 낸 뒤 모닥불을 피우고 구워 먹었어요. 초원에서 나뭇가지를 찾지 못하면 소똥이나 소뼈를 땔감으로 쓰기도 했죠. 한 번에 먹는 양이 무척 많았습니다. 온난 습윤 기후라서 따뜻하고 습도가 높은 팜파스의 날씨 특성상 고기가 금세 상하기 쉬워 빨리 먹어 치워야 했거든요. 아사도는 이 거친 야성의 숯불구이에서 탄생했습니다. 마초적인 분위기를 물씬 풍기는 음식이 된 사연입니다.

## 농축산물 수출로 이룬 눈부신 발전

아르헨티나는 1816년에 독립을 선언했습니다. 가우초들은 독립 전쟁의 전사가 되어 스페인군과 맹렬하게 싸우며 승리를 이끌었어요. 하지만 평화를 찾은 건 아니었죠. 아르헨티나 정부는 원주민을 내쫓고 가우초의 뿌리인 메스티소, 노예로 부리기 위해 아

**부에노스아이레스의 시내 풍경** 화려하고 웅장한 유럽풍 건물들이 곳곳에 있어 '남미의 파리'로 불린다.

프리카에서 납치해 온 흑인 등 유색 인종을 탄압했어요. 반면 이탈리아, 스페인 등 유럽 이민자 수백만 명을 받아들여 인구를 백인 위주로 크게 늘렸습니다. 그래서 오늘날 아르헨티나는 다른 중남미 지역과 달리 백인 인구가 97%로 월등히 많아요.

그런 가운데 1877년, 아르헨티나는 유럽으로 처음 냉동 소고기를 수출했습니다. 소가죽에 이어 소고기도 돈벌이가 되기 시작한 것입니다. 내연 기관의 발달로 화물선의 속도가 빨라지고 냉장 기술이 발전한 덕택이었죠.

**부에노스아이레스 국회의사당** 그리스·로마가 혼합된 그레코로만 양식의 석조
건물. 원형 기둥 위에 있는 높은 녹색 돔이 인상적이다.

다음 해인 1878년에는 영국으로 밀도 수출했어요. 아르헨티나는 북반구와 계절이 반대라서 수확 시기가 달라, 아르헨티나산 농산물에 대한 유럽 국가들의 수요가 점점 높아졌습니다. 풍요의 땅 팜파스에서 나는 엄청난 양의 소고기와 농산물을 유럽으로 수출해 큰돈을 벌기 시작하면서 아르헨티나는 사회적으로도 안정되었죠. 영국 등 유럽에서 대규모 자본 투자도 이어져 1880년대 이후 1930년대까지 반세기 동안 눈부신 발전을 이뤘습니다. 1908년엔 1인당 국민 소득이 세계 7위에 오를 정도로 부유한 나라였다고 해요.

그런데 1929년 미국 뉴욕 주식 시장에서 주가가 폭락하며 발생한 대공황으로 상황이 달라졌어요. 미국은 제1차 세계 대전(1914~1918) 기간에 유럽으로 식료품, 무기, 군수품 등을 공급해 호황을 누렸는데, 전쟁이 끝난 뒤 상품의 수요가 크게 줄자 팔리지 않아 창고에 그대로 쌓아 둔 재고가 눈덩이처럼 불어났어요. 적자가 쌓이고, 기업이 무너지고, 대량 해고가 일어났죠. 돈을 벌지 못하고 자산이 줄어든 사람들이 씀씀이를 아끼는 바람에 재고가 더욱 늘어나는 경기침체의 악순환에 돌입했어요. 그 결과, 주가가 곤두박질한 겁니다. 당시 세계 경제는 무역을 통해 긴밀하게 연결되어 있었기 때문에 미국에서 시작된 대공황은 다른 나라에도 영향을 끼쳤어요.

아르헨티나도 큰 타격을 입었죠. 가난해진 유럽의 소비자들이 식료품 구입 비용을 아끼자 농축산물의 수출이 급감했어요. 먹고 살 길이 막막해진 팜파스의 농민들은 고향을 등지고 돈을 벌러 부에노스아이레스 등 도시로 떠났습니다. 그곳엔 자본가 같은 부자들이 살고 있으니 그나마 일자리가 있을 거라는 기대를 안고요.

그로 인해 도시에는 인구가 갑자기 집중되는 '과도시화'가 나타납니다. 너무 많은 사람이 한꺼번에 몰려 도시의 실업률이 높아지고 빈민층이 늘어났죠. 빈부 격차가 심해져 사회적 갈등도 깊어졌고요.

## '소고기 나라'에 닥친 '소고기 위기'

이런 혼란 속에서 1943년 후안 페론Juan Peron이 군부 쿠데타를 일으키며 등장합니다. 그는 노동자의 임금을 크게 올리고 빈곤층에게 더 많은 혜택을 주는 복지 정책으로 인기를 얻어, 1946년 대통령에 당선되었어요. 이후 기업과 외국 자본이 운영하던 민간의 산업 자산을 정부가 소유해 직접 관리하는 등 국가 사회주의를 추진했죠. 페론이 펼친 이러한 정책과 이념을 '페로니즘Peronism(페론주의)'이라고 합니다.

처음엔 부의 재분배로 빈부 격차가 일시적으로 해소되며 잠시 경제 상황이 나아지는 듯했습니다. 그런데 권력자와 정치가들은 유권자의 표심을 얻기 위해 공공 지출을 늘리며 포퓰리즘 정책을 남발했어요. 페로니즘의 유혹에서 벗어나지 못한 국민도 당장의 이익에 눈이 멀어 이들을 지지했죠. 결국 나라 살림은 감당할 수 없는 빚에 허덕이며 엉망진창이 되었어요. 정부는 모자라는 재정을 메꾸려고 돈을 계속 찍어 냅니다. 통화량이 급증하며 아르헨티나의 화폐 가치는 끝없이 떨어졌어요. 1989년 아르헨티나의 물가 상승률은 무려 4923.3%를 기록했습니다.

시중에서는 미국 달러가 대신 쓰일 정도로, 아르헨티나 화폐인 페소peso는 가치 없는 종잇장이 되어 버렸습니다. 그마저 없는 서민들의 삶은 치솟는 물가에 더욱 힘겨워졌어요. 한때 세계 7위이던 부자 나라는 인플레이션으로 추락을 거듭해 빈곤율이 57.4%에 이르렀어요. 국민 10명 중 6명이 가난으로 고통받는 셈이었죠. 아르헨티나는 아홉 차례나 국가 부도를 냈고, 국제 통화 기금IMF의 구제 금융을 가장 많이 받은(22차례) 나라가 되었습니다. 지하자원이 가득하고 농축수산물이 풍부해 돈 벌기 쉬운 축복받은 땅인데 말이죠.

아르헨티나 국민은 여전히 전 세계에서 소고기를 가장 많이 먹습니다. 하지만 요즘 빈곤층은 그 저렴한 소고기도 부담되어

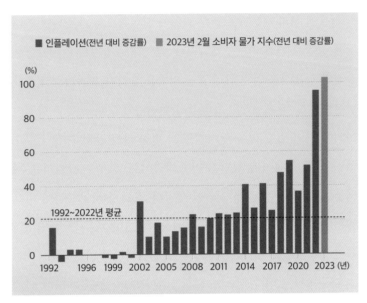

■ 인플레이션(전년 대비 증감률)　■ 2023년 2월 소비자 물가 지수(전년 대비 증감률)

**아르헨티나의 소비자 물가 지수(CPI) 상승률** 2023년에 102.5%를 기록했다. 점선은 1992~2022년의 평균치다. ⓒ블룸버그

더 싼 돼지고기나 닭고기를 사 먹는다고 해요. 2024년 1분기 1인 당 소고기 소비량은 1년 전에 비해 17.6%나 감소하며 30년 만에 최저치를 기록한 반면, 돼지고기와 닭고기 소비는 30년 동안 두 배 가까이 늘었죠. 사실 소고기는 기후 변화의 원인이라서 덜 먹 을수록 지구의 건강에 유익합니다. 소가 트림을 하거나 방귀 뀔 때마다 지구 온난화의 주범인 메탄가스가 뿜어져 나오거든요. 소 한 마리가 하루에 내뿜는 메탄가스는 소형 자동차 한 대의 배출

량과 맞먹을 정도라고 합니다.

　아무튼 아르헨티나 사람들은 예전에 비해 소고기를 확실히 덜 먹는데, 그래도 팜파스를 누비는 약 5400만 마리의 소는 거의 줄지 않아 기후 변화 개선에는 별 영향이 없습니다. 1인당 국민 소득이 늘어난 중국에서 아르헨티나산 소고기를 싼값에 엄청나게 수입해 가고 있기 때문이죠.

화려한
티식 문화의
꽃

## 서안 해양성Cfb

# 프랑스
# 코코뱅

꼬끼오, 꼬꼬댁, 꼭꼭, 꼬꼬…. 국어사전에 나오는, 닭의 울음소리를 흉내 낸 의성어입니다. 동물의 울음소리를 표현하는 말은 나라마다 다른데, 닭의 경우엔 묘하게 비슷한 것들이 꽤 있습니다. 가까운 일본에선 '고케콧코오', 중국에선 '꺼꺼'를 쓰고, 인도의 힌디어권 지역에선 '꾸끄두꾸', 아랍어권에선 '쿠쿠', 영어권 국가에선 '커커두들두', '클럭클럭' 등으로 표현합니다.

프랑스 사람들은 수탉이 우는 소리를 '코코리코cocorico', 암탉이 우는 소리를 '코코cot cot', '코코코데cot cot codec'라고 해요. 역시 '꼬끼오', '꼭꼭', '꼬꼬댁'과 닮은 구석이 있죠? 프랑스 말로 수탉은 '코크coq'랍니다. 단어의 발음에서 바로 닭 울음소리가 연상되지 않나요?

그런데 수탉에 포도주vin가 합쳐진 이름의 음식이 있습니다. '코코뱅Coq au vin'입니다. 풀이하면 '포도주에 담근 수탉'이 되죠.

**코코뱅**

과거에는 수탉으로 요리해서 이런 이름을 붙였는데, 오늘날엔 암
수를 가리지 않고 씁니다. 주재료는 닭고기와 레드와인이지만 양
파, 당근, 버섯, 마늘, 토마토, 파슬리, 정향 등 각종 채소와 향신료
를 비롯해 베이컨, 버터나 라드(돼지기름) 등을 넣어 향긋하고 고
소합니다.

　프랑스에서 음식과 식사는 단순히 '먹는 것'과 '먹는 행위'의
차원을 넘어 예술과 문화의 경지에 올라 있습니다. 맛은 물론 요
리의 모양새와 담음새, 식탁 꾸미기, 식사 예절 등 세밀한 부분까

지 신경을 씁니다. 전 세계 어디서든 프렌치 레스토랑은 고급 음식점으로 통하고, 유명한 요리사들은 프랑스 요리의 대가입니다. 다채로운 요리 중 코코뱅을 맛보는 건 프랑스로 여행을 떠난다면 절대로 놓칠 수 없는 재미죠. 프랑스를 상징하는 동물인 수탉과 프랑스의 대표 술인 와인으로 만들었다는 점에서 지리적으로 의미가 남다른 음식이니까요.

## 늙은 수탉과 카이사르의 전설

코코뱅과 관련해 유명한 이야기가 전해 내려옵니다. 로마 제국의 기틀을 마련한 율리우스 카이사르가 그 전설의 주인공이에요.

카이사르는 기원전 58~기원전 51년에 갈리아(지금의 프랑스, 벨기에 일대)를 정복했습니다. 갈리아의 원주민이자 프랑스인의 조상인 켈트인은 열심히 맞서 싸웠지만 결국 패배했죠. 그런데 점령지의 어느 켈트인 부족장이 카이사르에게 늙은 수탉을 맛보라며 바쳤습니다. 명색은 갈리아 정복을 축하하는 선물이지만, 로마의 지배에 저항하겠다는 속내와 카이사르를 모욕하는 의미가 담겨 있었어요. 켈트인에게 수탉은 용맹을 상징하는 동물이고, 늙은 수탉의 고기는 질긴 데다 잡내도 심한 식재료였기 때문

프랑스 부르고뉴 지방의 주요 와인용 포도 재배지와 브레스 닭 산지

입니다.

카이사르는 대번에 그 뜻을 알아차렸습니다. 하지만 갈리아를 지배하기 위해선 켈트인과 화합하는 게 중요했기에 화를 내는 대신 오히려 그를 저녁 식사에 초대했습니다. 그러고는 선물로 받은 닭에 로마인들이 즐겨 마시던 와인을 듬뿍 넣고 푹 졸여서 만든 음식을 대접했죠. 와인의 알코올 성분과 포도 향 덕택에 늙은 수탉의 고기는 부드러워지고 잡내도 나지 않아 근사한 맛을 냈습

154

니다. 이 요리에서 코코뱅이 시작되었다는데….

어디까지나 이건 '옛날옛적에…'일 뿐이고, 프랑스 부르고뉴 Bourgogne 지방의 농민들이 지역 특산물인 와인으로 늙은 수탉의 고기를 먹기 좋게 요리한 음식에서 유래했다고 알려져 있습니다. 왜 하필 질기고 냄새나는 늙은 수탉을 먹어야 했냐고요? 암탉은 달걀을 낳아 주고, 건강한 젊은 수탉은 병아리를 많이 생기게 하니까 잡아먹기 아까웠던 거죠.

설명을 덧붙이면, 부르고뉴는 세계적인 와인 생산지이기도 합니다. 특히 '피노 누아Pinot Noir' 와인이 유명하죠. 또한 부르고뉴 동남부의 브레스Bresse 지역은 '브레스 닭'의 고향입니다. 미식가인 프랑스 작가 앙텔름 브리야사바랭Anthelme Brillat-Savarin은 저서 《미각의 생리학》(1825)에서 이 닭을 "닭의 여왕이자 왕의 닭"이라고 표현했습니다. 그러니까 부르고뉴가 자랑하는 와인과 닭고기가 만난 지역 음식이 바로 코코뱅인 거예요.

## 와인이 맛있어지는 서늘한 여름

2023년 와인을 세계에서 가장 많이 생산한 나라는 프랑스입니다. 그 전에는 9년 동안 이탈리아가 1위였는데, 기후 변화 탓에 이탈리아에서 와인 생산량이 크게 줄어 프랑스에 1위 자리를 내주었다고 해요. 세계 와인 시장에서 경쟁자인 두 나라는 와인에 대한 자부심이 남다릅니다. 2016년에 이탈리아 총리가 "이탈리아 와인이 프랑스 와인보다 낫다"라는 발언을 해서 프랑스 사람들에게 큰 반발을 사기도 했어요. 심지어 프랑스 대통령과 만난 자리에서도 이탈리아 와인이 프랑스 와인보다 잘나간다는 뉘앙스의 이야기를 꺼내자, 프랑스 대통령이 "하지만 우리 나라 와인이 더 비싸게 팔린다"라고 받아치며 자존심 대결을 벌였다고 합니다.

취향에 따라 선호하는 와인 종류가 있을 뿐, 어느 것이 낫다고 비교하기는 어렵죠. 그런데 두 나라 안에서도 기후, 지형, 토양, 포도의 품종, 숙성 방법 등의 영향으로 와인의 맛과 향이 다르답니다. 기후만 보면, 포도가 익는 여름의 날씨가 덥고 건조할수록 열매의 당도가 높아져 단맛이 강하고 알코올 도수가 높은 스위트 와인sweet wine이 만들어집니다. 이와 반대로, 여름에 서늘하고 습윤하면 포도의 산도와 탄닌이 높아져 와인 특유의 신맛과 떫은 맛이 두드러지고 알코올 도수가 약한 드라이 와인dry wine이 생산되죠.

보통 레드와인은 다채로운 향이 느껴지는 드라이 와인을 고급으로 쳐줍니다. 부르고뉴의 피노 누아 와인이 대표적인 종류죠. 전 세계 와인 애호가들 사이에서 인기가 높고 가격도 비쌉니다.

**피노 누아** '소나무(pine tree)'와 '검은색(noir)'을 의미하는 프랑스어에서 유래했다. 포도송이 모양이 솔방울과 닮아서 붙은 이름이다.

그런데 이런 특성이 코코뱅을 더욱 맛있게 만들어 주기도 합니다. 신맛을 내는 산이 고기의 육질을 부드럽게 해 주거든요. 그래서 코코뱅 말고도 부르고뉴의 고기 요리 중에는 와인을 듬뿍 넣어 만든 것이 많습니다.

피노 누아는 부르고뉴가 원산지인 포도의 품종 이름입니다. 피노 누아 포도로 담근 포도주가 피노 누아 와인인 거죠. 재배하기가 상당히 어려운 품종인데, 그 까다로운 자연적 조건을 완벽하게 갖춘 곳이 부르고뉴라고 해요.

석회암 산 밑에 자리한 포도밭
©freepik

가장 중요한 건 기후입니다. 여름 기온이 서늘해야 해요. 너무 더우면 포도송이가 시들어 버리거든요. 한낮엔 따뜻하고 밤에는 쌀쌀한 곳에서 잘 여무는 겁니다. 부르고뉴는 쾨펜의 기후 구분에서 서안 해양성 기후 지역에 속하는데요, 서안 해양성 기후는 1년 중 가장 더운 달의 평균 기온이 22℃ 미만으로, 한여름에도 서늘합니다. 더구나 부르고뉴는 내륙이고 포도밭은 주로 산지에 위치해 해가 지면 기온이 더욱 낮아집니다. 피노 누아 포도엔 더할 나위 없이 좋은 날씨죠.

물론 기후 말고도 모르방Morvan산맥의 산비탈 지형, 석회질 토양 등 와인 맛을 결정짓는 다른 조건들 역시 부르고뉴만 한 곳이 없다고 합니다. 그렇지 않다면 굳이 부르고뉴가 아니더라도 서안 해양성 기후 지역이 대부분인 프랑스 어디서든 맛 좋은 피노 누아 와인이 생산되겠죠. 이 와인은 미국, 뉴질랜드, 칠레 등 다른 나라에서도 만드는데, 부르고뉴산이 가장 인기가 높고 비싼 이유도 그 때문입니다.

와인의 품질에 영향을 끼치는 포도 산지의 재배 환경 조건을 '테루아terroir'라고 하는데요, 부르고뉴의 테루아는 2015년 유네스코 세계 문화유산으로 등재될 만큼 남다른 가치를 인정받고 있습니다.

# 수도사들의 피와 땀,
# 피노 누아

피노 누아 와인 말고도 보졸레Beaujolais, 샤르도네Chardonnay 등 부르고뉴에는 세계적으로 이름난 와인이 더 있습니다. 이 지역이 와인의 주요 산지로 발달한 데는 테루아와 더불어 역사와 종교의 영향도 컸어요.

프랑스에서 와인 문화가 비롯된 건 카이사르가 갈리아를 정복한 이후인데요, 새로운 식민지에 정착한 로마인들이 고향의 와인 문화를 가져오면서 곳곳에 포도밭을 조성했습니다. 하지만 476년에 서로마 제국이 멸망하고 갈리아에서 로마인들이 물러간 뒤엔 가톨릭 수도사들이 와인 생산을 이끌었죠.

부르고뉴는 로마 제국 시대부터 와인을 만들었어요. 하지만 당시엔 크게 주목받는 산지가 아니었습니다. 로마인들은 색깔과 맛이 진하고 알코올 도수가 높은 와인을 좋아했기 때문이죠. 그러다가 10세기 무렵, 이 지역의 가톨릭교 베네딕트 수도회(베네딕도회) 수도사들이 부르고뉴 와인을 본격적으로 생산하기 시작했습니다.

수도사들은 속세와 단절한 채 '기도하고 일하라'라는 강령에 따라 수도원 안에서 자급자족하며 엄격한 금욕 생활을 했어요.

**베네딕트 수도회 수도사가 설립한 시토회 수도원** 부르고뉴 퐁트네 지역에 있다.

포도나무를 연구하고 있는 시토회 수도사들

그렇다면 너무 이상하죠? 누구보다 절제된 삶을 살았던 수도사들이 열심히 술을 빚었다니, 이게 대체 무슨 상황일까요?

가톨릭교에서 와인은 예수 그리스도의 피와 희생을 상징하는 성스러운 음료입니다. 그 희생을 기리기 위해 가톨릭교의 종교의식인 미사missa에선 성직자인 사제(신부)가 신자들을 대표해 와인을 마십니다. 많은 종교에서 술을 금기하지만, 가톨릭교는 성직자의 음주를 허용하는 것도 그런 이유입니다.

한편 서로마 제국이 멸망한 뒤 중세 유럽에선 봉건제가 정착했습니다. 왕에게 충성을 맹세하고 큰 영토를 선물로 받은 영주들은 그 일부를 가톨릭교 성당이나 수도회에 바쳤어요. 그래야 죽어서 천국에 간다고 믿었기 때문입니다. 부르고뉴의 영주들도 마찬가지였어요.

그런 와중에 부르고뉴 동부의 도시 디종Dijon에선 1098년에 훨씬 엄격한 교리를 추구하는 시토 수도회가 창설되었어요. 그러자 이 일대에서 가톨릭 수도회의 영향력이 더욱 커졌고, 영주들은 수도원에 열심히 땅을 헌납했습니다. 그런데 석회암 바위투성이인 산비탈 땅이 많아 밀 같은 곡식을 재배하기 어려웠어요. 수도사들은 그 척박한 땅을 열심히 일궈 포도밭으로 가꾸고 와인의 생산량을 늘리는 한편, 품질을 개선하기 위해 연구를 거듭했습니다. 그 결과, 피노 누아와 같은 유명한 와인이 탄생했죠.

# 밀과 닭이 좋아하는
# 온화한 겨울

대륙의 서쪽 해안에 나타나는 서안 해양성 기후는 앞서 이야기한 것처럼 여름에 서늘합니다. 겨울에도 그리 춥지 않아 계절에 따른 기온 차이가 크지 않습니다. 1년 중 가장 더운 달의 평균 기온이 22℃ 미만이면서 월평균 기온이 10℃ 이상인 달이 4개월 이상이거든요. 바다에 난류가 흐르는 곳이 많고, 그런 해양성을 품은 편서풍이 육지로 불어오면서 나타나는 특성입니다. 비 또한 1년 내내 고르게 내려 홍수나 가뭄의 피해가 적죠.

이처럼 심한 더위와 추위를 겪지 않으면서 강수량이 일정한 날씨는 사람이 생활하기에 편안합니다. 유럽의 서안 해양성 기후 지역에는 프랑스를 비롯해 영국, 독일(서부), 네덜란드, 벨기에, 아일랜드 등 산업과 문화가 발달하고 부유한 서유럽 선진국이 많은데요, 살기 좋은 기후의 영향이 적지 않았을 것입니다.

그런데 사람과 달리, 식물의 생장에는 이런 날씨가 별로 유리하지 않습니다. 여름의 기온이 낮은 데다 비가 내리거나 흐린 날이 많은 탓에 햇빛이 충분하지 않아서 쌀처럼 생산성이 높은 곡물은 재배할 수가 없어요. 그래서 주로 밀과 보리농사를 합니다. 겨울의 온화한 기온과 적당한 강수량이 밀과 보리를 키우기에 좋

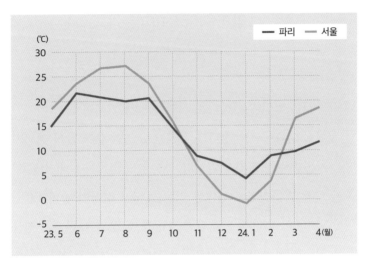

**파리와 서울의 월평균 기온(2023. 5~2024. 4)** ⓒ세계기상기구

은 조건이기 때문입니다.

또 서늘한 여름 날씨에 잘 견디는 감자, 양배추 등을 재배하는 한편, 농사와 더불어 가축을 기르는 혼합 농업과 낙농업을 해요. 농작물만으로는 식량이 부족하니 고기나 달걀, 유제품이 필요한 거죠. 서안 해양성 기후 지역은 4계절 내내 들판에 풀이 자라 가축을 풀어놓고 기르기에 적합합니다.

프랑스에서 손꼽히는 농업 지역인 부르고뉴도 그렇습니다. 부르고뉴에서는 포도 외에 밀과 보리도 많이 재배하고 소, 양, 염소, 닭 등 가축을 방목해 품질 좋은 고기, 우유, 치즈, 달걀을 생산합

브레스 닭

니다. 서안 해양성 기후로 인해 혼합 농업 및 낙농업이 발달하며 얻게 된 먹거리들은 지역 전통 음식 문화가 꽃피는 원동력이 되었습니다.

브레스 지역에서 풀밭에 방목하며 기르는 브레스 닭이 대표적입니다. 프랑스 국기 색깔처럼 볏은 빨간색, 깃털은 흰색, 발은 파란색을 띠는 품종입니다. 1957년 가금류 중에서 처음이자 유일하게 프랑스의 '원산지 인증(A.O.C.)'을 받았죠. 인증을 받기 위해선 정부가 정해 놓은 사육 환경을 철저하게 지켜야 해요. 좁은 사육장 안에 가두면 안 되고 한 마리당 10m² 이상의 널찍한 공간이 확보되도록 밖에 풀어놓고 키웁니다. 사료는 부르고뉴에서 나는 옥수수, 우유 등 자연식 위주로 제공하고요. 이처럼 건강하게 자란 닭이라서 맛과 품질이 뛰어난데, 그만큼 가격도 비싸 '명품 닭'으로 불립니다.

브레스 닭은 1591년 지역 공문서에 기록될 정도로 유서 깊은 식재료입니다. 이웃 지방인 트레포르의 영주가 사부아 공국의 침략을 격퇴해 준 것에 대한 감사의 뜻으로 브레스 주민들이 토실토실하게 살찐 닭 20여 마리를 바쳤다고 해요. 또 10여 년 뒤 브레스를 방문한 프랑스 왕 앙리 4세가 닭고기 요리를 맛보고 감탄하며 "모든 백성에게 일요일마다 닭고기를 먹이겠다"라고 선언했다는 이야기도 전해집니다. 코코뱅이 거기서 비롯된 음식이라고도 하죠.

## 이웃 나라로 번지는
## 프랑스 농민 시위

이탈리아에 '마르게리타피자 지수'가 있는 것처럼, 프랑스에는 '코코뱅 지수'가 있습니다. 코코뱅을 만들 때 비용이 얼마나 들어가는지 계산해서 소비자의 구매력, 물가 수준 등을 판단하는 지표로 활용합니다. 코코뱅이 프랑스 서민들도 즐겨 먹는 대중적인 음식이라서 기준이 된 것입니다. 주재료인 와인, 닭고기, 버섯, 버터, 양파, 당근의 가격으로 지수를 산정하죠.

그런데 2023년에 코코뱅 지수가 역대 가장 큰 상승 폭을 기록했습니다. 일반 소비자 물가 상승률에 비해 두 배 넘게 올랐죠. 원인은 복합적이지만, 기후 변화도 영향을 끼쳤습니다. 프랑스는 최근 심각한 가뭄과 폭염으로 몸살을 앓고 있어요. 서안 해양성 기후 지역이라는 점이 무색할 정도죠. 목초지에 가득했던 풀이 말라죽어 가축을 방목할 수 없거나 농작물이 피해를 입으면서 식료품 가격 상승을 부채질했습니다.

먹거리가 풍요로운 부르고뉴에서도 기후 변화의 영향이 나타나고 있습니다. 여름철 기온이 계속 오르면서 부르고뉴의 포도 수확 시기가 점점 빨라지고 있어요. 중세 가톨릭 수도사들이 기록에 남긴 첫 수확 일정에 비하면 한 달 가까이 앞당겨졌다고 합니다. 더워진 날씨에 포도가 빨리 익어 버리기 때문인데, 부르고뉴 와인 특유의 맛이 변질되는 게 가장 큰 문제입니다.

지구 온난화로 피노 누아의 당도와 알코올 도수가 높아져 드라이 와인이 개성과 제맛을 잃고 있습니다. 품질을 유지하기 위해 포도밭이 북쪽의 더 서늘한 지역으로 점점 옮겨 가는 실정입니다. 하지만 지금처럼 기후 변화가 이어지면 결국 부르고뉴 와인의 명성도 퇴색할 것입니다.

한편 2024년 프랑스에선 탄소 배출량 감소 등을 목표로 정부와 유럽 연합EU이 마련한 친환경 정책에 반대하는 농민 시위가 격렬하게 벌어졌어요. 농업용 경유의 면세 혜택을 없애는 조치 등이 농가의 소득을 크게 줄인다고 우려한 것입니다. 더구나 기후 변화로 농민들의 피해가 점점 커지는 상황에서 정부가 물가 안정을 위해 값싼 외국산 농산물 수입량을 늘릴 움직임을 보이자 불만이 폭발했죠. 농민들은 트랙터로 고속도로를 점거하거나 정부 건물에 가축 배설물을 집어던지는 등 거세게 항의했어요. 이 농민 시위는 비슷한 상황에 처한 독일, 벨기에 등 이웃 나라로 번졌습니다.

따지고 보면, 이 모든 문제의 근본적 원인은 기후 변화입니다. 지구촌 곳곳에서 식량 위기를 일으킨 기후 변화가 이제는 사회적 갈등과 불안의 요인이 되고 있는 셈이죠.

# 인공 과일을 향한 뉴질랜드의 도전

남태평양의 섬나라 뉴질랜드는 웅장하고 때 묻지 않은 대자연의 풍경이 매력적인 여행지입니다. 하얀 눈으로 덮인 뾰족한 산과 거울처럼 맑은 호수, 탁 트인 해변까지 볼거리가 아주 다양합니다. 그래서인지 〈반지의 제왕〉, 〈아바타〉 등 여러 유명한 영화의 촬영지가 되었죠.

저한테 가장 인상 깊었던 풍경은 싱그럽게 푸른 초원 언덕에서 한가로이 풀을 뜯는 양 떼였습니다. 국토의 약 40%가 목초지라고 하니, 얼마나 넓겠어요. 삭막한 콘크리트 아파트와 고층 빌딩이 가득한 서울과 달리 참으로 호젓하고 아늑한 느낌이었죠. 끝없이 펼쳐진 초원 위를 마음껏 뛰어다니고 싶다는 생각이 들었습니다. 하지만 이런 저의 감상을 들은 현지인의 반응은 예상과 달랐어요.

"멀리서 보니까 그렇죠. 막상 가까이 가면 제대로 걸어 다닐 수도 없어요. 온통 양들이 싸 놓은 똥 천지라서…."

네, 뉴질랜드의 그림 같은 초원은 멀리서 봐야 아름다운 것으로.

**뉴질랜드의 자연 경관**

아무튼 자연의 풍경 말고도 이 나라에는 여행자를 위한 즐길 거리가
많습니다. 원주민인 마오리족이 눈을 부릅뜨고 혀를 쭉 내민 채 함성을
지르며 추는 전통 춤 '하카' 공연이나 북섬의 작은 도시 로토루아Rotorua
에서 즐긴 유황 온천도 잊을 수 없는(달걀 썩는 것 같은 냄새 때문에) 경험
이었어요. 먹거리도 풍성했고요. 고소한 양고기 스테이크는 말할 것도
없고, 청정 자연환경에서 나는 새콤달콤한 과일이 무척 신선했죠. 한국

에서도 수입하는 키위가 뉴질랜드의 대표 과일인데요, 그 외에 사과, 체리, 블루베리, 귤, 포도, 자두, 복숭아 등 다양한 과일이 생산되어 많은 양을 수출합니다.

화산섬(해저 화산이 분출해서 생긴 섬)인 뉴질랜드는 토양이 화산토로 이루어져 무척 비옥합니다. 아울러 남섬과 북섬으로 나뉜 영토는, 남섬의 높은 산지를 제외하면 대부분 서안 해양성 기후에 속해 농사를 짓기 좋은 환경입니다. 주변이 태평양으로 둘러싸인 섬나라이니까 당연히 날씨가 바다의 영향을 받는 거죠. 그래서 대체로 여름엔 적당히 덥고, 겨울엔 적당히 추워요.

편서풍과 높은 산맥의 영향으로 남섬의 서쪽 해안은 비가 많이 내리고 동쪽 해안은 건조한 편입니다. 서쪽에서 바다의 습기를 머금고 바람에 실려 온 대기가 산맥에 부딪혀 서쪽 해안에 비를 쏟아붓고 산을 넘어가면서 동쪽은 건조한 날씨가 나타나는 거죠. 이와 달리, 지형에 큰 차이가 없는 북섬에선 비가 1년 내내 비교적 고르게 내립니다. 강수량 차이에 따라 각 지역에서 생산하는 과일의 종류도 조금씩 다른데 키위는 북섬에서, 체리는 남섬에서 많이 납니다.

그런데 이처럼 풍성한 과일의 나라 뉴질랜드에서 최근 인공 과일 제조 실험을 진행 중이라고 합니다. 과수원에서 과일을 수확하는 것이 아니라 실험실 안에서 식물 세포에 과일 조직을 배양해서 진짜 과일과 비슷한 맛과 향을 내는 인공 과일을 만드는 것입니다. 동물을 도축해서 얻는 고기 대신 실험실에서 동물 세포를 배양해 만든 배양육의 '과일 버전'이라고 볼 수 있죠.

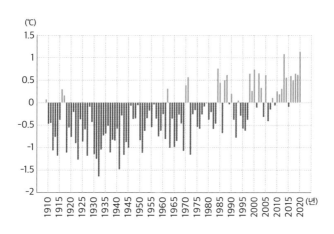

**뉴질랜드의 겨울 기온 변화 추이(1909~2020)** 2020년 뉴질랜드의 겨울 기온은 과거 평균보다 1.14℃ 높아졌다. ⓒ뉴질랜드 국립수자원 및 대기연구소

연구진은 이런 실험을 하는 이유로 전 세계 인구 증가와 도시화, 그리고 기후 변화를 꼽았어요. 과일의 수요는 계속 늘어나는데 지구 온난화가 지속되어 바깥에서 과일을 재배할 수 없는 시대가 올 것에 대비한다는 설명입니다.

굉장히 어두운 분위기의 SF 영화 장면이 연상되는데, 그렇게 먼 미래의 이야기가 아닐지도 모릅니다. 뉴질랜드는 겨울 기온이 점점 올라서 키위 생산에 타격을 입고 있습니다. 2023년에는 110년 만에 가장 따뜻한 겨울을 보냈다고 하는데요, 그 영향으로 북섬의 키위 농장에선 키위꽃이 잘 피지 않아 열매 수가 크게 줄었습니다. 우박이 쏟아지거나 폭풍이 거세지는 등 잦은 기상 이변으로 수확량도 영향을 받았어요. 한국에도 널리 알려진 키위 브랜드 제스프리의 경우 2023년 수확량이 2022년에 비해 24%나 감소했습니다.

농업을 비롯한 1차 산업은 날씨의 영향을 많이 받습니다. 너무 덥거나 너무 추워도, 비가 너무 내리지 않거나 너무 내려도 당장 생산량이 달라집니다. 더구나 낙농업 국가인 뉴질랜드는 목축업과 더불어 농업이 경제에서 큰 비중을 차지합니다. 수출하는 상품의 82%가 고기, 유제품, 과일, 수산물 등 1차 산업 생산품이죠. 또 한국에 비해 영토는 2.6배나 넓지만 인구는 겨우 10분의 1인 527만여 명에 불과합니다. 내수 시장이 작으니 농축수산물의 수출이 무척 중요하죠. 따라서 기후 변화는 뉴질랜드 경제와 국민의 삶을 통째로 뒤흔드는 요인이 될 것입니다. 과일이 풍성하게 나는 '키위의 나라'에서 인공 과일 실험에 적극 나선 이유에는 그런 배경이 있습니다.

건조 기후 여행

3

# 광활한
# 초원에
# 어서 오세요

스텝BS

## 카자흐스탄
## 베시바르마크

올림픽과 아시안게임처럼 중앙아시아권에서 열리는 아주 독특한 국제 종합 스포츠 대회가 있어요. '세계 노마드 게임World Nomad Games'입니다. 영어로 '노마드nomad'는 '유목민(떠돌아다니며 가축을 기르는 백성)'이라는 뜻이니까, '세계 유목민 경기 대회'라고 할 수 있죠.

지금은 중앙아시아에도 도시와 마을이 생겨 많은 사람이 정착해서 살고 있지만, 원래 이 지역의 주민들은 대부분 말이나 양을 키우며 풀을 찾아 옮겨 다니는 유목민이었습니다. '세계 노마드 게임'은 중앙아시아 국가들이 유목민 조상의 전통과 유산을 이어가기 위해 마련했어요. 2024년 9월에 카자흐스탄의 수도 아스타나에서 제5회 대회가 열렸습니다.

이 대회의 스포츠 종목은 우리가 알고 있는 것들과 좀 달라요. 우선 검독수리 사냥, 매 사냥, 송골매 사냥 같은 종목이 있습니다.

카자흐스탄의 말과 양 방목

검독수리는 카자흐스탄 국기에 그려질 정도로 이 나라를 상징하는 동물인데요, 옛날 중앙아시아 유목민들은 이런 맹금류를 길들여 들판의 여우, 토끼 등을 사냥했습니다. 조상들의 풍속을 현대식 스포츠로 재해석한 거죠.

무엇보다 눈에 띄는 건 말을 타고 경기하는 종목이 유난히 많다는 점입니다. 육상 경기는 아예 없고, 경마는 총 7개 부문으로 진행됩니다. 두 선수가 말에 올라탄 채 몸싸움을 벌여 상대를 말 위에서 떨어뜨리는 '아우다리스파크'란 경기가 있고, 말을 타고 달리면서 팔을 뻗어 땅 위에 놓인 작은 목표물을 더 많이 집어 올리면 승리하는 '텐게 일루'도 있습니다. 종목만 봐도 말이 중앙아시아 유목민의 삶에서 매우 중요했다는 사실을 알 수 있죠. 먹거리도 마찬가지인데, 이 지역엔 말고기 요리가 아주 다양합니다. 카자흐스탄의 '베시바르마크Beshbarmak'도 그중 하나입니다.

## 유목민을 먹여 살린
## 대초원의 동물들

베시바르마크는 중앙아시아 지역의 옛 언어로 '다섯'이란 의미의 '베시'와 '손가락'을 뜻하는 '바르마크'가 합쳐진 이름입니다. 유목민들이 이 음식을 손가락으로 집어 먹은 데서 유래한 명칭이라고 해요. 수시로 옮겨 다니며 생활한 그들은 살림이 간단할수록 편했을 테니, 숟가락이나 젓가락 같은 식기조차 거추장스러웠겠죠. 카자흐스탄의 국민 음식으로 유명하지만 키르기스스탄, 우즈베키스탄 등 중앙아시아 지역에서 널리 먹는 고기국수 요리입니다. 지역마다 이름이나 식재료는 조금씩 다른데, 대체로 푹 삶은 고기 수육에 수제비처럼 폭이 널찍하고 얇은 '케스페'라는 밀 국수와 육수를 곁들여 먹습니다. 양파, 마늘, 딜 등 향신채를 넣기도 하고요.

아무튼 음식의 주인공은 고기입니다. 소고기나 낙타고기도 사용되지만, 말고기와 양고기가 많이 쓰인다고 해요. 말과 양이 중앙아시아 유목민들이 기르는 대표적인 가축이었기 때문이죠. 먼 거리를 오가는 유목민들에겐 말이 가장 빠르고 효율적인 이동 수단이었습니다. 양은 이 지역의 추운 겨울을 따뜻하게 날 수 있는 양털을 제공해 주었고요.

자연스레 두 가축은 식탁에도 올랐습니다. 특히 말고기는 지방이 적고 소화가 잘되어 선호도가 높았어요. 유목민의 식단은 고기와 유제품 위주였는데, 이동 생활 중에 오래 보존할 수 있도록 말젖이나 양젖을 발효시켜 요구르트, 치즈 등을 만들어 먹었습니다. 이처럼 '편식'을 하게 된 건 이 지역의 기후 때문입니다.

베시바르마크

말젖으로 만든 발효 음료 쿠미스

카자흐스탄은 세계에서 아홉 번째로 영토가 넓은 나라입니다. 한국 면적의 약 27배에 달하죠. 영토의 약 60%에 해당하는 중부와 남부에 걸쳐 건조 기후인 스텝과 사막 기후 지역이 나타납니다.

쾨펜은 1년에 비가 500mm보다 적게 내려 나무가 자라지 못하는 기후를 건조 기후로 분류했어요. 건조 기후 중에서도 짧은 우기가 있어 250~500mm의 강수량을 보이는 기후를 스텝 기후, 250mm에도 미치지 못하는 기후를 사막 기후로 다시 나눴습니다. 둘 다 땅에서 대기 중으로 증발하는 수분의 양이 비가 내리는 양보다 많아서 팍팍한데요, 250mm의 강수량을 기준으로 두 기후 지역의 풍경이 초원과 사막으로 다르게 나타납니다.

스텝은 '대초원'이나 '황량한 들판'을 뜻하는 러시아어 '스테프 степь'에서 비롯한 말입니다. 러시아 남부의 카자흐스탄 등 중앙아시아에서 몽골까지 이어지는 광활한 초원 지대를 부르는 말이었다고 해요.

이 일대엔 나무가 거의 자라지 않고 풀만 무성합니다. 풀은 짧은 우기에 내린 적은 양의 빗물로 오래 버티며 생존하기 때문이죠. 풀과 달리 나무는 비가 충분히 내리는 곳에서 잘 성장하는데, 중앙아시아의 스텝 기후 지역은 연 강수량이 500mm 미만으로 워낙 적어 나무가 제대로 자랄 수 없는 환경입니다.

**초원과 사막이 공존하는 카자흐스탄** 중북부는 스텝, 서남부는 사막이 주를 이룬다.

이렇게 건조한 날씨다 보니 땅이 바싹 말라서 농작물도 키울 수 없었습니다. 지금은 관개 시설을 갖춰 농사를 짓는 곳이 늘었지만, 옛날에는 이런 기술이 발달하지 않아서 초원의 풀을 뜯어 먹으며 무럭무럭 자라는 말이나 양의 고기와 젖을 식량으로 삼았던 것입니다.

## 스텝 위에 지은
## 집 천장에 구멍이?

유목민이 한곳에 머물지 않고 떠돌이 생활을 한 이유도 기후에서 찾을 수 있습니다. 비가 많이 내리는 곳에선 풀이 금세 자라지만, 물이 모자라는 스텝 기후 지역은 풀도 더디게 자랍니다. 그래서 말이나 양 떼가 주변의 풀을 다 뜯어 먹으면 또 다른 목초지를 찾아 재빨리 이동해야 했습니다. 같은 곳에 그대로 머물렀다간 가축들이 굶어 죽을 테니까요.

계속 옮겨 다녀야 하니, 유목민들은 집을 따로 짓지 않고 이동식 가옥인 '유르트yurt'에서 살았습니다. 둥근 형태의 나무 틀 위에 양가죽이나 양털로 짠 천을 씌우고 밧줄로 동여매면 완성이라 텐트처럼 설치와 철거가 간단했죠. 유르트 안에서는 가운데 화로를 설치하고 바닥에 양털 카펫을 깔아 추운 겨울에도 따뜻하게 지낼 수 있었어요. 뾰족하게 솟은 천장 중앙에는 구멍을 내어, 화로에서 나온 연기를 밖으로 내보내 환기를 시켰습니다. 그래서 베시바르마크처럼 고기를 오랜 시간 푹 삶는 요리를 만들 수 있었던 거죠. 유르트는 2014년 유목민의 나라인 카자흐스탄과 키르기스스탄의 무형 문화유산으로 유네스코에 등재되었습니다.

그런데 유르트는 튀르키예 말로 '집'을 뜻합니다. 갑자기 웬 튀

**초원 위에 세운 유르트와 카자흐 유목민**

르키예 말인가 싶을 텐데, 이 단어는 중앙아시아 유목민의 뿌리
가 투르크Turk인인 것과 관련이 있습니다.

옛날 알타이산맥(카자흐스탄, 러시아, 중국, 몽골 접경지에 걸친 산맥)
일대에서 살았던 것으로 추정되는 투르크인은 말을 타고 유라시
아 곳곳을 다녔습니다. 일부는 오늘날의 튀르키예 영토까지 가서
정착했어요. '튀르키예'라는 나라 이름도 '투르크인의 땅'이란 뜻
에서 비롯되었습니다.

카자흐스탄 인구의 약70%를 차지하는 카자흐인의 조상 또한 투르크인입니다. 페르시아어로 '땅'이나 '나라'를 뜻하는 '스탄'이 국호에 들어간 중앙아시아 나라 중 키르기스스탄, 우즈베키스탄, 투르크메니스탄 등의 주민 역시 투르크인의 후손이죠.

고대 투르크인은 기원전 12세기부터 초원 위에 유르트를 지었다고 해요. 그래서 투르크인의 발자취가 닿은 유라시아 대부분 지역에서 이런 형태의 이동식 가옥을 찾아볼 수 있습니다. 민족은 다르지만, 투르크인처럼 초원을 누비며 유목 생활을 한 몽골인들도 '게르'라는 이동식 가옥을 짓고 살았어요.

## 실크로드에서 밀가루 국수를 얻다

유목민의 전통 음식인 베시바르마크에 고기가 듬뿍 들어가는 건 이해되는데, 밀가루로 만든 국수는 어디서 비롯되었을까요? 앞서 살펴본 대로, 건조한 스텝 기후 지역에선 농사를 짓는 대신에 가축을 기르며 떠돌아다녀야 했는데 말이죠.

쌀은 경작할 때 기온이 높아야 하고 물도 많이 필요해 꽤 까탈스러운 작물이지만, 밀은 비교적 다양한 기후에서 재배됩니다.

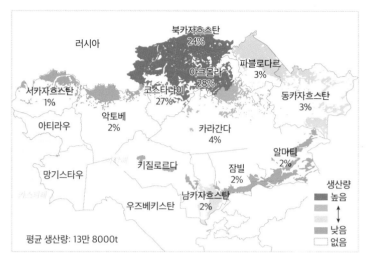

**카자스흐탄의 지역별 밀 재배율(2022)**

오히려 날씨가 건조하고 서늘해야 잘 자라는 품종도 있죠. 밀의 원산지로 알려진 아프가니스탄의 캅카스 산악 지대는 건조 기후와 냉대 기후가 나타납니다.

카자흐스탄에서 밀이 주로 생산되는 곳은 러시아와 맞닿은 중북부인데, 이 지역은 냉대 습윤 기후에 속해요. 겨울에 눈이 많이 내리지만 연간 강수량은 350mm 수준으로 건조합니다. 밀을 재배하기에 알맞은 환경이죠. 오늘날 카자흐스탄은 세계 6위 밀 수출국입니다. 생산량 순위로는 세계 14위고요.

하지만 이 지역에서 밀 농사가 본격화된 건 러시아의 식민지로 전락한 19세기 이후입니다. 카자흐스탄을 비롯한 중앙아시아의 유목민들은 오랜 세월 외세의 침략에 시달렸어요. 13세기엔 몽골에, 17세기부터 18세기까지는 몽골계 부족 국가인 중가르에 여러 차례 침공을 당했습니다. 특히 중가르군은 점령지의 유목민을 모조리 학살할 정도로 잔혹해 악명이 높았어요. 카자흐스탄 역사에 '대재앙의 시대'로 기록될 정도였죠. 카자흐스탄은 중가르를 몰아내기 위해 러시아에 도움을 요청했는데, 오히려 이것을 빌미로 18세기 이후 서서히 러시아의 간섭과 지배를 받았습니다. 러시아는 유목민 부족들이 대대로 살아온 땅을 러시아에서 이주해 온 농민에게 농지로 제공했습니다. 아울러 현지 주민의 정체성을 지우기 위해 식민화 정책을 추진했죠.

러시아인의 이주는 볼셰비키 혁명 이후 소련의 지배 시기까지 이어졌어요. 그래서 지금도 밀의 주요 산지인 카자흐스탄 중북부에는 러시아계 주민이 많이 살아요. 카자흐스탄 전체적으로도 러시아계 인구가 약 20%에 이르고 카자흐어와 러시아어가 공용어로 함께 쓰이죠.

소련 정부는 러시아인 말고도 연해주의 고려인을 비롯해 자국 영토에 거주하는 핀란드인, 독일인, 이란인, 우크라이나인 등 소수 민족을 중앙아시아에 강제로 이주시켰습니다. 이 과정에서 유목민도 가축을 빼앗긴 채 집단 농장에 강제로 수용되었죠. 주민들의 풍습을 무시한 무리한 시도에 기근까지 겹쳐 150만 명이 굶어 죽었어요. 겨우 목숨을 건진 사람들은 중국, 몽골 등 주변 지역으로 도망쳤습니다. 그래서 오늘날 카자흐인 유목민은 카자흐스탄 대신 중국의 신장 웨이우얼 자치구나 몽골 서부에서 볼 수 있습니다.

중앙아시아의 베시바르마크에 관한 기록은 19세기 러시아의 여러 책에 등장합니다. 이 무렵 러시아가 카자흐스탄, 키르기스스탄 등을 식민지로 삼을 목적으로 현지 문물을 조사해서 자료로 남겼거든요. 그런데 당시 기록을 보면, 러시아 이주민의 밀 농사가 본격화되기 전에 이미 국수가 요리에 들어간 것으로 나옵니다. 건조한 초원 지대에서 직접 밀을 경작하는 경우는 드물었는데 말이죠.

사실 이들은 목축만 한 게 아니라 상업도 했습니다. 아주 옛날부터 여기저기 돌아다니며 장사를 해서 자신들에게 부족한 곡식이며 각종 생필품을 구했어요. 그 유명한 실크로드가 바로 중앙아시아 유목민의 무대였습니다. 그러다가 먹을 것이 떨어져 굶어 죽을 지경이면 말을 탄 전사로 변해 농경지가 있는 마을에 가서 약탈하기도 했고요.

카자흐스탄과 맞닿은 중국 서북부 지역(신장 웨이우얼 자치구)에는 위구르인이 사는데, 카자흐인처럼 투르크인의 후손입니다. 위

**고대 실크로드 교역로** 유라시아 북방 스텝 지역을 통과하는 초원길,
중앙아시아의 건조 지역을 연결한 사막길, 로마-인도-중국을 연결하는 바닷길이
있다.

구르인들은 '라그만'이라는 전통 국수 요리를 즐겨 먹어요. 오늘
날 카자흐스탄에서도 흔히 접할 수 있는 메뉴입니다. 이 지역 또
한 기후가 건조하지만 오래전부터 중국과 교류하며 관개 기술이
발달해 밀 농사를 지었어요. 카자흐스탄 남부 사막 지대의 오트
라르처럼 지하수가 샘솟는 오아시스 주변 지역도 밀을 재배해 왔
고요. 이처럼 멀리 떨어진 다른 지역과 식재료나 조리법을 교류
해 국수가 유목민 밥상에 올랐던 것입니다.

# 극진한 손님맞이,
# 코나카시 문화의 상징

카자흐스탄을 비롯한 중앙아시아에는 낯선 손님을 극진하게 대접하는 '코나카시' 문화가 있습니다. 이러한 환대 문화는 수백 년 동안 유목민들이 지켜 온 전통이에요. 척박한 초원을 떠돌 땐 늘 도움이 절실하다는 점을 누구보다 잘 이해하기 때문입니다. 계속 이동하며 살아가는 유목민의 특성상, 이방인 손님과 친밀하게 소통하며 다른 지역의 정보를 얻을 수 있는 것도 환대의 이유였습니다. "거기 가면 풀이 많이 나 있더라", "저쪽 산 밑에 맑은 샘물이 솟더라" 등의 이야기가 넉넉하지 못한 유목민 생활에선 생존과 직결되는 중요한 정보였으니까요. 옛날에는 손님을 제대로 대접하지 않으면 처벌까지 했다고 해요.

유목민들은 자신의 유르트를 찾아온 손님에게 출입문에서 멀리 떨어진 안쪽의 화로 앞 자리를 내주었습니다. 그 위치가 유르트 안에서 가장 좋은 자리라고 여겨서죠. 이런 풍습은 주택에서 생활하는 오늘날에도 그대로 남아 거실의 가장 안쪽에 손님을 앉힌다고 합니다.

함께 둘러앉은 뒤엔 따뜻한 차를 대접하며 담소를 나눕니다. 주인은 손님의 찻잔을 계속 채워 온기가 가시지 않도록 신경 쓰죠. 차를 다 마시고 나면 잔칫상처럼 한상 가득 푸짐하게 차린 음식으로 더욱 깊은 대화의 장을 마련합니다. 주인 가족이 아무리 가난하더라도 손님을 위해서 차리는 식탁에는 고기, 음료, 달콤한 후식을 갖춰요. 음식의 종류와 양이 워낙 많고 대화도 나누니까 식사하는 데 몇 시간씩 걸리는 게 보통입니다. 손님은 차려 준 만찬을 맛있게, 가능한 한 많이 먹는 게 주인에 대한 예의입니다.

큼지막한 접시에 고기를 넉넉하게 올린 베시바르마크는 손님맞이 음식의 상징적인 메뉴입니다. 결혼식, 생일 등 집안 행사에도 빠지지 않고요. 손님에게 환대의 의미로 삶은 말 머리나 양 머리를 통째로 올려 제공하는 경우도 있어요. 머리고기를 별미로여기기 때문인데, 손님이 얇게 썰어 함께 식사하는 사람들에게나눠 주는 것이 관습입니다. 이때 눈알, 혀, 귀 등은 귀한 부위라서 손님의 몫이라고 해요. 중앙아시아에 가서 이런 대접을 받을때 징그럽다고 거절했다간 무례한 손님이라는 인상을 주겠죠.

손님처럼 식사 자리에서 특별한 대우를 받는 사람들이 또 있습니다. 바로 노인입니다. 이 지역에선 나이 든 사람을 공경하는풍습이 있거든요. 치아 건강이 좋지 않은 노인을 배려해 베시바르마크의 고기를 부드럽게 푹 삶아서 잘게 찢어 대접합니다.

이렇게 베시바르마크는 스텝 기후와 유목민 문화가 반영된 음식인데, 지역에 따라 맛이나 식재료가 다릅니다. 카자흐스탄은 영

**입구에서 바라본 유르트 내부** 새해를 맞이해 유르트에 가족과 손님을 초대하는 나우리즈 축제를 위해 화려하게 장식했다. 베시바르마크 등을 요리하는 과정에서 발생한 수증기를 밖으로 배출하는 천장 구멍이 보인다.

토가 무척 넓고 기후와 지형이 다양하며 여러 민족이 어울려 사는 다민족 국가니까요. 카자흐스탄 남부의 크질오르다 지역에선 고기에 국수 대신 쌀밥을 곁들여 먹습니다. 이 지역은 사막 기후에 속하지만 오아시스가 있어 쌀을 재배할 수 있거든요.

중동부 지역에서는 말고기, 양고기, 소고기 등 각종 육류와 말고기로 만든 소시지인 '카지'를 한꺼번에 듬뿍 넣는 것으로 유명해요. 카스피해와 맞닿은 서부 지역에선 생선으로 베시바르마크를 만들고요. 옛날에는 카스피해에서 잡힌 철갑상어 고기를 주로 이용했지만 이제는 멸종 위기종으로 어획이 금지되어 대신에 잉어를 넣는다고 합니다.

## 풀이 모래에 뒤덮이고 있다

카자흐스탄 남부의 사막 지대에 '타라즈'라는 도시가 있습니다. 주변에 오아시스와 강이 있어 오래전부터 사람들이 거주하며 실크로드 무역의 중심지로 번영을 누린 곳이에요.

2022년 10월, 이 도시에 〈4톤의 모래〉라는 이색적인 설치 미술 작품이 전시되었습니다. 지붕만 겨우 드러낸 채 모래 속에 파묻힌 집이었어요. 카자흐스탄의 심각한 환경 문제인 사막화에 대한 시민들의 경각심을 높이는 한편, 삭사울나무 심기 캠페인을 위해 마련된 조형물이었죠. 작품의 제목처럼 건조 기후 지역에 서식하는 삭사울나무 한 그루는 약 4톤의 모래가 퍼지는 것을 막아 주는 효과가 있다고 합니다.

카자흐스탄 알틴 에멜 국립 공원에 있는 삭사울나무들

그런데 이 작품처럼 실제로 집들이 모래 속에 파묻히는 곳이 있습니다. 카자흐스탄 서부의 질티르 마을에선 몇 년 전부터 여름마다 강풍을 타고 덮쳐 온 사막의 모래 더미에 집이며 축사, 전봇대 등이 매몰되고 있습니다. 주민들은 여름철 농사를 아예 포기한 채 아침에 일어나자마자 현관문을 열기 힘들 정도로 집 앞에 높이 쌓인 모래를 치우는 게 일상이 되었습니다. 아울러 가축들이 밤사이 덮친 모래 더미에 묻혀 죽을까 봐 잠을 설치며 신경써야 하죠. 사막 방향으로 나무도 심고 울타리도 쌓았지만 별로 효과를 보지 못했습니다. 사막 기후 지역인 이 일대에는 질티르 마을 말고도 이런 고통을 겪는 곳이 더 있다고 해요.

가뜩이나 물이 부족한 중앙아시아의 스텝 기후 지역에선 지구온난화로 여름의 폭염과 기근이 심해지면서 사막화가 빠르게 진행 중입니다. 기온이 높아져 고산 지대의 빙하가 계속 녹아내리는 바람에 하천의 물이 고갈될 우려가 커졌고요. 건조해진 흙이 모래로 변하면서 발생하는 모래 폭풍의 피해도 이어지고 있습니다. 스텝, 즉 초원이 사막으로 변하면 베시바르마크와 같은 주민들의 먹거리에도 타격이 클 겁니다.

기후 변화 때문에 카자흐스탄의 밀 생산량이 2050년엔 절반 수준까지 줄어들 수 있다는 전망이 벌써부터 나오고 있습니다. 카스피해에서 가까운 서부의 망기스타우 지역에선 2021년 여름

**카자흐스탄의 기후 변화** 주황색으로 표시한 지역이 스텝 기후에서 사막 기후로 바뀐 곳이다. ©Qi Hu, Zihang Han

에 닥친 극심한 폭염으로 말들이 떼죽음을 당하기도 했죠. 풀이 사라진 메마른 들판에 앙상한 뼈를 드러낸 채 굶어 죽은 말들의 사진이 기후 변화의 암울한 현실을 적나라하게 보여 주었습니다. 유목민이 말을 타고 달리던 대초원이 불지옥 같은 사막으로 변해 가고 있어요.

# 오아시스가 빚은
## 달콤한
## 찹쌀 도넛

사막BW

**아랍에미리트**
**루카이마트**

저는 지금까지 두바이 땅을 네 차례 밟았지만, 두바이에는 한 번도 가 본 적이 없어요. 무슨 뚱딴지같은 소리냐고요? 이집트와 유럽을 가는 길에 두바이 국제공항에 내려서 항공기를 갈아타느라 공항 안 면세점과 터미널에서 몇 시간 보냈으니 땅을 밟긴 했는데, 정식으로 입국한 건 아니니 가 봤다고 말할 수는 없죠. 그래도 이륙하고 착륙할 때 하늘 위에서 두바이의 도시 풍경을 내려다볼 수는 있었습니다. 높이 828m의 세계 최고층 빌딩인 부르즈 할리파Burj Khalifa가 하늘을 찌를 듯 날렵하게 솟아오른 모습이 인상적이었죠. 특히 푸른 바다 위에 야자나무 모양으로 만든 거대한 인공 섬 '팜 주메이라Palm Jumeirah'와 '팜 제벨 알리Palm Jebel Ali'가 신기해서 눈을 뗄 수 없었습니다.

두바이는 연방국(자치권을 가진 여러 나라가 연합해서 구성한 국가)인 아랍에미리트를 이루는 7개 토후국(부족장이 통치하는 나라) 중

**세계에서 가장 높은 빌딩 부르즈 할리파**

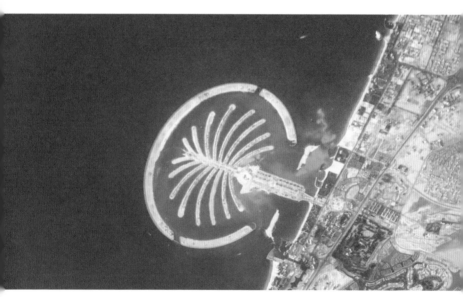

**팜 주메이라** 주메이라 해안에 6년간 모래와 바위를 부어 만들었다. 야자나무 줄기 모양의 땅 위에는 휴양 시설과 고급 주택이 빼곡하게 있다.

**대추야자를 수확하는 모습**

하나입니다. 그런데 하필 야자나무처럼 복잡하게 생긴 인공 섬이 이곳 앞바다에 조성된 이유는 이 나무의 열매인 대추야자가 아랍 권에서 특별한 의미를 지니기 때문입니다.

대추야자는 이 지역의 국교(국가에서 법으로 지정한 종교)인 이슬람교의 경전《쿠란》에 20회 넘게 등장하는 신성한 열매예요. 한 그루에 보통 1000개 이상의 대추야자가 주렁주렁 열리는 야자나무는 아랍인들에게 번영과 비옥함을 상징합니다. 아랍에미리트의 면적은 한국과 비슷하지만 사막이 대부분을 차지하는데, 야자나무가 무려 4200만 그루나 있다고 해요.

**대추야자 시럽을 뿌린 루카이마트**

아랍에미리트를 비롯한 중동의 여러 나라에는 이 대추야자를 넣은 아주 맛있는 전통 간식이 있습니다. '루카이마트Luqaimat'라는 자그마한 크기의 동글동글한 도넛입니다. 도넛은 찹쌀이나 전분, 향신료를 넣은 밀가루 반죽을 기름에 튀겨서 만드는데, 그 위에 달콤한 대추야자 시럽과 참깨를 듬뿍 끼얹어 먹죠. 꿀이나 설탕을 뿌리기도 하지만, 아랍에미리트에선 대추야자 시럽을 으뜸으로 여깁니다. 바다 위에 야자나무 모양의 인공 섬을 만든 사람들이니, 대추야자엔 또 얼마나 진심이겠어요.

## 신성한 굶주림 끝에 얻는
## 보상 간식

◇◇◇◇◇◇◇◇◇◇◇◇◇◇◇◇◇◇◇◇◇◇◇◇◇◇

'루카이마트'는 아랍어로 '한 입 거리'라는 뜻입니다. 그 이름처럼 한입에 넣기 딱 좋은 탁구공 크기의 도넛은 겉은 바삭바삭하고 속은 쫀득쫀득하면서 폭신폭신합니다. 카다멈, 사프란 등 향신료를 넣어 튀겼으니 향긋하고 고소한 맛이 나죠. 여기에 달콤한 대추야자 시럽까지 더해지면 도저히 한 입만으로 끝낼 수 없어요. 자꾸 손이 가는, 중독성이 강한 간식이죠.

기름에 튀긴 도넛과 당분이 가득한 시럽의 만남이니 열량이 어마어마하겠죠? 다이어트를 결심했다면 아예 손도 대지 않는 편이 좋을 거예요. 그런데 아랍에미리트, 사우디아라비아, 오만 등 아랍 지역 이슬람교 신도들이 살찌는 걱정 따위 신경 쓰지 않은 채 루카이마트를 실컷 먹을 때가 있어요. '치팅 데이'냐고요? 아뇨, 바로 라마단 기간입니다.

라마단은 이슬람교 창시자인 무함마드가 《쿠란》의 계시를 받은 것을 기리기 위해 한 달 동안 금식하는 기간을 말합니다. 이슬람 달력으로 아홉 번째 달에 해당해, 오늘날 우리가 사용하는 양력으로는 매년 그 기간이 달라집니다. 금식이라면 굶는다는 얘긴데 어떻게 루카이마트를 마음껏 먹냐고요? 한 달 내내 음식을

**말린 대추야자를 올린 이프타르 식탁**

아예 못 먹는 게 아니라 해가 떠서 질 때까지만 금식하는 '간헐적 금식'이기 때문입니다. 밤이 되면 가족과 친지들이 모여 잔칫상처럼 푸짐하게 차려 놓고 배가 빵빵하도록 만찬을 즐겨요.

라마단 기간 중에 낮 동안 금식을 마친 뒤 먹는 첫 식사를 '이프타르'라고 부릅니다. 이프타르는 대추야자나 루카이마트로 간단히 해결하기도 하죠. 온종일 쫄쫄 굶었으니 얼마나 허기지겠어요. 그래서 칼로리 높은 간식으로 체력을 보충하는 겁니다. 무함마드도 이프타르로 대추야자를 먹었다고 해요. 아무튼 루카이마트는 매일 이프타르 식탁에 오르는 대표적인 간식입니다. 라마단이 끝난 것을 기념해 각종 음식과 단것을 즐기는 '이드 알 피트르Eid al-Fitr' 축제에서도 빠지지 않고 등장해요. 그래서 아랍 지역에선 라마단 하면 떠오르는 먹거리로 꼽힙니다. 물론 루카이마트를 라마단에만 접할 수 있는 건 아니에요. 레스토랑, 카페, 찻집, 길거리 노점상에서 1년 내내 맛볼 수 있습니다.

## 척박한 사막 식탁의 주인공

대추야자 시럽은 루카이마트의 단맛을 담당하는데요, 아랍 지역에선 대추야자가 다양한 디저트의 재료로 활용됩니다. 대추야자가 속 재료로 들어가는 버터 쿠키 '마물'이 대표적입니다. 대추야자 자체도 간식으로 인기가 높죠. 햇볕에 말리면 설탕을 넣지 않아도 당도가 무척 높거든요. 전체 무게의 60~80%가량이 당분이에요. 그런데 옛날에는 이 다디단 대추야자가 간식이 아니라 아라비아반도의 주식이었답니다. 다름 아닌 기후 때문에요.

오늘날 아라비아반도는 스텝 기후가 나타나는 극히 일부를 제외하곤 거의 사막 기후 지역에 속합니다. 사막 기후는 1년 동안 평균적으로 내리는 비의 양이 250mm 미만입니다. 이 정도 강수량으로는 식물이 살아남기 어렵죠. 그나마 선인장처럼 잎이 달리지 않아 수분을 증발시키지 않고 빗물을 오래 저장하는 식물만 드문드문 자랍니다. 아라비아반도는 연 강수량이 100mm도 안 되는 곳이 많아서, 모래 언덕만 끝없이 펼쳐진 아라비아 사막이 자리 잡고 있습니다. '사막'은 한자 '모래 사(沙 혹은 砂)'와 '넓을 막(漠)'을 합친 말이에요. '모래가 드넓게 펼쳐진' 곳을 가리키죠. 모래 말고 자갈이나 바위로 뒤덮인 메마른 땅도 사막에 속합니다.

스텝 기후에는 말이나 양들이 뜯어 먹을 수 있는 풀이라도 자라는데, 풀 한 포기 구경하기 어려운 사막에선 동물도 인간도 살기 어렵습니다. 하지만 '사막의 오아시스'라는 말을 들어 본 적 있죠? 절망적인 상황에서 벗어날 수 있는 기회를 뜻하는 관용구인데요, 오아시스는 사막 아래 흐르는 지하수가 땅 위로 솟아올라 물이 고이면서 호수나 연못이 생긴 곳입니다. 물이 있으니 식물이 자랄 수 있고, 동물과 인간도 살 수 있죠. 그래서 지금처럼 수도 시설이 발달하지 않았던 시절에는 사람들이 오아시스 주변이나 강 유역에 터전을 마련했습니다.

그런데 오아시스 주변의 물기가 있는 땅에는 대추야자나무가

**오아시스 근처의 대추야자나무**

자랍니다. 건조한 기후와 모래 토양에 잘 적응하기 때문이죠. 앞서 살펴본 것처럼, 대추야자는 나무 한 그루에 열매가 1000개 이상 달릴 정도로 생산력이 높습니다. 또한 100g당 탄수화물 함유량이 최대 75g에 이르죠. 오아시스 일대가 좁아서 밀이나 쌀 같은 곡식을 충분히 수확할 수 없으니, 옛날엔 대추야자가 중요한 탄수화물 공급원이었습니다. 그 덕분에 아라비아반도 주민들의 주식이 되었고, 그들에게 야자나무는 생명의 나무로 통했습니다. 상상을 초월할 정도로 엄청난 돈을 들여 두바이 앞바다에 야자나무 모양의 인공 섬을 만든 이유가 이제 이해되죠?

## 물을 찾는 베두인족을 따라서

이 매력적인 먹거리가 처음 기록에 등장한 건 1226년 이라크 바그다드에서 발간된 요리책입니다. '판사의 한 입 거리'라는 뜻의 '루크마트 알카디Luqmat al-qdi'로 소개되었어요. 바그다드의 법정에서 판사들이 재판하다가 지치면 한입에 쏙 넣어 기분 전환하는 간식으로 즐겼던 거죠.

달콤한 시럽을 곁들인 이 도넛은 중동의 전 지역은 물론, 북쪽 멀리 튀르키예와 그리스, 동쪽의 인도 주민들 사이에서도 오래전부터 사랑받아 왔습니다. 루카이마트(아라비아반도), 로크마(튀르키예), 루쿠마데스(그리스) 등 옛날 요리책의 '루크마트'와 이름이 비슷한 경우도 있죠. 맛이나 재료는 지역에 따라 조금씩 다른데요, 꿀이 많이 나는 튀르키예나 그리스에선 도넛에 대추야자 시럽 대신 꿀을 발라 먹곤 했습니다. 루카이마트가 이처럼 널리 확산되는 데는 먼 거리를 오가며 살았던 아랍인들의 생활 양식이 큰 영향을 끼쳤어요.

서남아시아에서 북아프리카에 이르는 중동의 사막에서는 주민들이 주로 강 유역이나 오아시스에 모여 살았습니다. 그런데 아라비아반도에는 강이 아예 없고, 우기에 비가 내리면 물이 흐르다가 건기에 바싹 말라붙는 '와디wadi'만 있어요. 또한 '사막의 오아시스'는 드물게 존재합니다. 그래서 얼마 되지도 않는 오아시스에 인구가 밀집하거나 증가하면 물을 차지하려는 경쟁이 심해졌어요. 거기서 밀려난 사람들은 물을 찾아 떠나야 했죠. 지진이나 모래 폭풍 같은 자연재해의 발생도 고향을 등지는 원인이 되었습니다. 그러면서 부족 단위로 유목민 생활을 하는 사람들이 점차 늘어났죠.

이 일대의 유목민 부족들을 '베두인Bedouin족'이라고 부릅니다. 이들은 낙타, 염소, 양 등 가축을 기르며 우기엔 사막에서 살았습니다. 비가 내려 사막에도 가축이 먹을 수 있는 풀이 잠시나마 자라고 와디에서 물을 구할 수 있었기 때문이죠. 그러다가 건기가 되면 땅에 물기가 남아 있어 풀과 대추야자나무가 자라거나 농사를 지을 수 있는 곳을 찾아 이동했습니다.

하지만 사막은 워낙 척박해서 늘 먹을 게 부족했어요. 그 해결책으로 찾은 게 장사입니다. 자신들의 가축을 밀이나 쌀 같은

**와디** 물이 없어 마른 상태일 때는 교통로로 이용된다.

**낙타를 타고 이동하는 베두인족**

곡식과 맞바꾸기 위해 농경지가 조성된 다른 지역을 찾아다닌 거죠.

여기저기서 물물 교환을 하던 베두인족은 세상 곳곳에 참 신기하고 다양한 문물이 있다는 사실을 깨달았습니다. 그래서 사막 기후에 잘 견디는 낙타를 타고 아주 먼 곳까지 오가며 교역(서로 물건을 사고팔며 바꾸는 것)을 하는 대상隊商이 되었죠. 한자로 '대상'은 '무리 지어 다니는 상인'을 뜻하는데요, 가급적 여러 사람이 함께 있어야 위험한 사막에서 서로 도움을 줄 수 있는 데다 도적 떼에 대항하기도 쉬워 무리를 지어서 다닌 것입니다. 베두인족 상인들은 사막을 벗어나 바다로 나아가 신라, 고려와도 교역을 했어요. 이처럼 넓어진 그들의 활동 범위를 따라 루카이마트도 곳곳으로 퍼졌습니다.

## 아라비카 커피와
## 단짝이 되다

아랍 사람들은 루카이마트를 먹을 때 따뜻한 커피나 차를 곁들입니다. 이 지역의 카페나 찻집의 메뉴판에선 루카이마트를 쉽게 볼 수 있어요. 도넛만 먹다 보면 목이 메지만 음료의 쓴맛이 루카이마트의 단맛을 중화시켜 잘 어울리기 때문입니다. 유럽에서 쿠키나 케이크에 홍차를, 일본에서 과자나 떡에 쑵쑵한 녹차를 함께 즐기는 것과 비슷해요. 특히 아라비아반도는 커피 문화의 발상지로 유명합니다. 커피 원두의 원산지는 북아프리카의 에티오피아로 알려져 있는데요, 커피를 기호식품(영양과 무관하게 맛과 향이 좋아서 먹는 식품)으로 널리 퍼트린 곳은 아라비아반도 남부의 예멘입니다.

예멘의 항구 도시 모카Mocha는 15~17세기 세계 커피 무역의 중심지였습니다. 당시 모카 시내 곳곳에는 커피를 파는 가게들이 있었어요. 주민들은 그곳에서 친구나 이웃을 만나 함께 커피를 마시며 대화를 나눴습니다. 이것이 카페 문화의 시작이었죠. 모카커피, 모카빵 등의 이름에 들어가는 '모카'는 바로 이곳의 지명에서 따온 것입니다. 세계에서 생산되고 있는 커피 품종의 약 70%를 차지하는 아라비카 커피 역시 '아라비아'라는 지명에서 따온 이름이죠.

아랍에미리트에서는 베두인족 거주 지역과 아부다비의 서부 및 동부 마을의 커피 문화가 특히 유명해요. 카페인이 든 음료로 더위에 지친 몸에 활력을 불어넣어 온 것이죠. 여기에 달콤한 대추야자를 곁들이기도 했어요. 이런 전통은 대부분 주민이 도시나 마을에 정착해 살아가는 지금도 이어지고 있습니다. 두바이를 여

212

**아랍의 커피** 볶은 원두를 빻아 가루로 만든 후 물을 넣고 끓인다. 끓인 것을 작은
주전자에 옮겨 담고 조금씩 따라 마신다. 손님을 환영한다는 의미가 담겨 있다.
2014년 '너그러움의 상징'으로 아라비아반도 4개국(아랍에미리트, 사우디아라비아,
오만, 카타르)의 유네스코 공동 무형 문화유산으로 등재되었다.

행하면 이런 환대 문화를 직접 경험할 수 있답니다. 사막의 오아

시스에 마련된 캠프에서 베두인족 생활을 체험하는 상품이 있는

데, 관광객이 도착하면 옛 전통에 따라 커피와 더불어 대추야자

나 루카이마트 같은 달콤한 간식을 주죠. 루카이마트는 화려한

손님 접대 음식의 후식 메뉴에도 단골로 올라옵니다.

## 대추야자가 사막을
## 더 메마르게 한다고?

야자나무는 탄소를 빨아들이는 능력이 뛰어나 기후 변화 속도를 늦춰 준다고 합니다. 그럼 많이 심을수록 좋겠죠? 지구 온난화도 방지하고 대추야자로 만드는 루카이마트를 실컷 먹을 수 있을 테니까요. 하지만 꼭 그렇지도 않습니다. 대추야자는 재배할 때 많은 양의 물이 필요하기 때문이죠. 강수량이 극도로 적은 건조한 사막 기후와 강이 흐르지 않는 지형의 특성상, 아라비아반도에선 지하수가 무척 중요해요. 지하수가 포함된 땅속의 지층을 '대수층帶水層'이라고 하는데, 아라비아반도의 대수층은 지하수의 고갈 정도가 전 세계에서 가장 심합니다. 아랍에미리트 지하수 소비량의 3분의 1이 대추야자 농사에 쓰인다고 해요.

아랍에미리트, 사우디아라비아, 카타르, 쿠웨이트 등 페르시아만과 접한 아라비아반도의 나라들은 땅속에 석유가 풍부하게 매장된 산유국입니다. 사막이라는 악조건 때문에 가난한 유목민의 땅이었던 이들 국가는 석유 수출로 부자 나라가 되었죠. 축구

팬이라면 영국 프리미어리그의 맨체스터시티 구단주 만수르(본명은 '셰이크 만수르 빈 자예드 알 나얀')의 이름을 들어 봤을 거예요. '중동 부자'의 대명사처럼 통하는 만수르는 아랍에미리트의 왕자이자 부통령입니다. 아랍에미리트는 석유를 팔아서 벌어들인 어마어마한 돈으로 두바이, 아부다비 등을 국제적인 대도시로 성장시켰어요. 여기에는 이유가 있습니다.

석유와 같은 화석 연료가 기후 변화의 원인으로 지목되면서 세계적으로 태양열 등 대체 에너지 개발이 활발해졌죠. 그 영향으로 석유 소비가 주춤해지자 아랍에미리트는 경제의 석유 의존도를 점차 줄이고자 금융, 물류, 관광, 항공 등 다른 산업을 키우기 위한 중심지로 대도시를 발전시키고 있습니다. 엄청난 자금을 쏟아부어 바다 위에 팜 주메이라 같은 거대한 인공 섬을 만들거나 세계에서 가장 높은 빌딩과 호화로운 호텔 및 리조트를 짓는 것도 전 세계 관광객과 투자자의 관심을 끌어모으기 위해서입니다.

하지만 도시화로 인구가 갑자기 늘어 지하수를 많이 쓰면서 이 지역의 대수층은 점점 더 위기에 몰리고 있습니다. 더구나 지구 온난화로 빙하가 녹아 해수면이 올라감에 따라 바닷물이 땅속으로 침투해 지하수의 소금기가 짙어지는 것도 문제입니다.

이런 상황에서 아랍에미리트는 대추야자 농장을 대규모로 조성했습니다. 옛날 베두인족이 오아시스 주변의 야자나무에서 열

두바이 해변을 따라 건설된 해수 담수화 시설

매를 수확하던 수준과는 차원이 달라요. '오일 머니(석유를 팔아서 번 돈)' 덕분에 마련한 최첨단 관개 시설로 지하수를 마구 뽑아 올려 사막 위에 거대한 플랜테이션 농장을 운영하는 것입니다. 그만큼 대추야자를 워낙 좋아하고 많이 먹기 때문인데, 만수르 왕자도 그중 한 사람이에요. 한때 한국에서는 대추야자가 '만수르 간식'으로 알려지기도 했죠. 아무튼 땅속에 석유가 풍부해도 물은 턱없이 부족한 아랍에미리트에서 지하수를 들이부어 재배하는 대추야자는 효율적인 작물이라고 볼 수 없습니다.

해결책이 없는 건 아닙니다. 아라비아반도에선 바닷물의 소금기를 제거해 민물로 만드는 '해수 담수화 설비'가 널리 활용되거든요. 지하수 대신 바닷물을 퍼 올려 소금기를 없앤 뒤 대추야자 농장에 공급하는 방안을 찾고 있어요. 또 소금기 짙은 토양과 물에 잘 적응하도록 대추야자 품종을 개량 중입니다. 물론 갈수록 심해지는 가뭄과 높아진 기온에 늘어난 병충해, 갑작스러운 폭우 등 기후 변화의 영향이 여전히 고민거리이긴 하지만요.

# 전쟁에 기근까지…
# 시리아 피스타치오의
# 수난

세계에서 가장 많이 팔린 책은 무엇일까요? 바로《성경》입니다.《성경》의 첫 번째 책 〈창세기〉의 한국어본 43장 11절에는 '이 땅(가나안, 오늘날의 팔레스타인 일대)에서 난 가장 좋은 소출'을 언급하는 내용 중에 '유향나무 열매'라는 먹거리가 등장합니다. 이름이 생소한데, 영문판을 보면 'pistachio nuts(피스타치오 너츠)'라고 적혀 있습니다. 피스타치오는 햇볕이 충분히 내리쬐고 건조하면서 따뜻한 기후에서 잘 자라는 작물이에요. 이런 날씨 조건을 갖춘 이 지역에서 이미 기원전부터 풍부하게 생산되고 있었던 거죠.

2002~2023년 피스타치오의 국가별 생산량 순위는 1위 미국, 2위 튀르키예, 3위 이란, 4위 시리아였는데요. 미국 캘리포니아주의 건조한 기후 지역에서 피스타치오 재배가 활발해진 건 비교적 최근인 1970년대입니다. 튀르키예, 이란, 시리아의 주민들은 아주 옛날부터 이 고소한 열매를 즐겨 먹었어요. 이란은 피스타치오의 원산지로 알려진 곳이고, 튀르키예와 시리아는《성경》에 피스타치오가 특산물이라고 나온 팔레

스타인 일대와 가깝습니다. 시리아에는 수령(나무의 나이)이 500년 넘은 피스타치오나무도 있다고 해요.

시리아는 튀르키예나 이란에 비해 경제가 낙후되고 농업 의존도가 높은 편입니다. 그래서 유럽이나 중동 이웃 나라에 수출하는 피스타치오가 특히 중요한 작물입니다. 시리아에선 피스타치오나무를 '가난한 나라의 황금 나무'라고 부르기도 해요. 주민들의 식탁에도 자주 오르죠. 여러 전통 음식에 들어가는 것은 물론, 피스타치오로 만든 디저트 종류가 무척 다양합니다. 대표적인 '카라비즈 할라브karabij halab/karabeej halab'는 속에 피스타치오를 가득 채워 고소하고 달콤한 맛이 나는 쿠키입니다. 과자 이름에 들어간 '할라브'는 시리아 북서부에 위치한 도시와 주의 아랍어 지명인데요, 한국에서는 영어식 표기인 '알레포Aleppo'로 알려져 있습니다.

알레포시는 기원전 2000년경부터 아시아와 유럽의 교역 중심지로 발달한 유서 깊은 도시입니다. 고대부터 중세, 근대에 이르기까지 다양한 시대의 유적이 구시가지에 남아 있죠. 시리아에서 인구가 가장 많은 알레포주의 주요 산업은 농업이에요. 기후가 건조하지만 지하수가 풍부해 관개 농업이 발달한 덕분에 피스타치오 생산량이 시리아 내에서 1위죠. 아랍 각지에서 '푸스툭 할라비(아랍어로 '알레포의 피스타치오')'의 명성이 자자할 정도로 맛도 좋습니다.

그런 배경에서 이 지역의 전통 과자는 카라비즈 할라브처럼 주로 피스타치오를 넣어서 만듭니다. 그런데 2011년 이후 알레포의 피스타치오 생산량이 뚝 떨어졌어요. 그 영향으로 시리아 전체 생산량이 과거의

**시리아 내전으로 파괴된 알레포**

절반 수준에 그치고 있습니다. 대체 무슨 일이 있었던 걸까요?

오랫동안 독재에 시달린 아랍 지역 여러 국가에선 2010년 시작된 튀니지의 반정부 혁명을 계기로 민주화 운동이 거세게 일어났습니다. 이를 '아랍의 봄'이라고 하는데요, 시리아에서도 2011년 3월 대규모 반정부 집회가 전국 각지에서 열렸습니다. 그러자 시리아 독재 정권은 화학 무기까지 동원해 시민들을 무자비하게 학살했어요. 이에 정부군에 맞

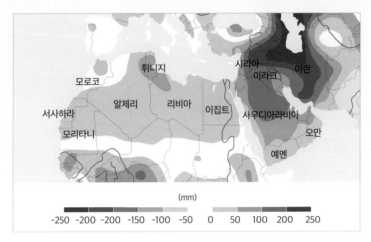

**2002년부터 2015년까지 중동 및 북아프리카의 누적 담수**(눈, 지표수, 토양수, 지하수) **손실량** 시리아는 이라크, 이란과 함께 물 저장량이 급격히 줄어든 지역 중 하나다. ⓒNASA

서는 반군이 조직되어 대대적인 공격에 나섰죠. 여기에 시리아 내 이슬람교의 종파(수니파와 시아파) 갈등, 이해관계에 따른 사우디아라비아, 이란 등 주변국 및 미국과 러시아의 개입까지 더해지며 '시리아 내전'이 일어났습니다. 한편에서는 2000년대 이후 기후 변화로 가뭄이 심해져 농업 국가인 시리아의 경제가 급격히 악화된 것을 내전의 원인으로 보기도 합니다.

시리아 내전은 2024년 현재까지 이어져 무려 50만여 명의 사망자와 1300만여 명의 난민이 발생했습니다. 알레포는 정부군과 반군이 가장 치열하게 전투를 벌인 내전의 중심 지역이어서 막대한 피해를 입었어요. 이 지역 농민들은 목숨을 건지기 위해 대대로 농사를 지으며 살아온 터전을 떠났습니다. 버려진 농장은 전쟁터가 된 알레포의 유적지나 주거지와 마찬가지로 쑥대밭이 되었죠. 2019년 정부군이 이 일대를 장악한 뒤 농민들이 돌아왔지만, 피스타치오나무 상당수가 불타거나 말라죽어 있었어요.

비극은 여기서 끝이 아닙니다. 갖은 애를 쓰며 농장을 겨우 추스른 보람도 없이 2021년 시리아는 70여 년 만에 최악의 가뭄을 맞았습니다. 알레포의 피스타치오를 비롯해 밀, 보리, 올리브 등 농산물 대부분을 제대로 수확하지 못했죠.

기후 변화로 인해 비가 덜 내리고 기온이 높아지는 현상은 앞으로 더욱 심해질 것입니다. 내전으로 관개 시설이 파괴되어 지하수를 퍼 올리는 것도 어려워진 시리아의 농업은 크나큰 위기에 처했어요. 최근 알레포에선 피스타치오 수확량이 눈에 띄게 줄어든 것은 물론, 알 크기가 과거에 비해 작아져 상품성까지 떨어졌다고 합니다. '가난한 나라의 황금나무'가 지구 온난화로 '황금'을 잃어 가고 있어요. 전쟁을 피해 오랫동안 난민 생활을 겪은 시리아의 농민들은 이제 기후 난민이 되어 또다시 삶의 터전을 떠나야 할지도 모릅니다.

냉대 기후 여행

꽁꽁 얼어붙은
호수에서
낚아 올린

냉대 겨울 건조Dw

## 러시아
## 훈제 오물

1841년 영국에선 '술 마시지 말자'라는 금주 캠페인이 사회적으로 크게 확산되었습니다. 때마침 잉글랜드 중부에 있는 도시 러프버러Loughborough에서 대규모 금주 행사가 열렸죠. 그 인근 레스터Leicester에 사는 토머스 쿡Thomas Cook은 이 소식을 듣고 동네 사람들과 같이 행사에 참가할 계획을 세웠습니다. 기차 회사에 문의해 특별 열차를 계약한 뒤 참가자 모집 광고를 냈는데, 이 당일치기 기차 여행 상품에 무려 500여 명이 신청해 쿡은 큰돈을 벌었습니다. 그는 이 성공을 계기로 세계 최초로 여행사를 차렸어요. 기차는 여행 산업과 함께한 교통수단이었죠.

오늘날에도 여전히 많은 여행자가 기차를 애용합니다. 기차를 이용하면 자동차나 버스처럼 도로가 막힐 염려가 없고, 여객기와 달리 바깥 풍경을 만끽할 수도 있죠. 속도도 빨라 한국에서는 'KTX-청룡'을 타면 서울에서 부산까지 2시간 10여 분 만에 도착합니다. 그런데 기차 여행 마니아라면 한 번쯤 꼭 타보고 싶은 열차가 있습니다. 세계에서 가장 긴 철로를 달리는 러시아의 시베리아 횡단 열차입니다. 수도 모스크바에서 동해의 항구 도시 블라디보스토크를 오가는 직통열차인데, 그 노선의 거리가 무려 9289km에 이릅니다. 감이 잘 안 잡힌다고요? 지구 둘레의 약 4분의 1에 해당합니다. 출발해서 도착하는 데 일주일이나 걸리고요.

이렇게 기차 안에서 오랜 시간을 보내야 하니 얼마나 심심할까요? 물론 끼니마다 식사를 하지만 간식거리에도 계속 손이 가겠죠. 이런 점을 열차 회사도 잘 아는지, 공식 홈페이지를 통해 기차 여행을 하는 동안 즐길 수 있는 각종 먹거리를 추천하고 있습니다. 특히 도중에 정차하는 역에서 사 먹기 좋은 독특한 향토 먹거리를 소개하는 내용이 호기심을 끄는데요, 가장 먼저 꼽는 게 바이칼 호수의 명물 '오물Omul'입니다.

## 오해하지 마세요, 연어 사촌일 뿐

먹거리 이름이 '오물'이라니, 한국 사람에게는 어감이 썩 좋지 않죠? 오해하지 마세요. 러시아 시베리아 지방의 바이칼 호수에 사

**바이칼 호수의 여름 풍경**

는, 연어의 친척뻘 되는 생선 이름입니다. 초승달처럼 길쭉하게
생긴 바이칼 호수는 전 세계에서 수심이 가장 깊은 호수예요. 최
대 깊이가 약 1620m로 한국에서 가장 높은 건물인 롯데월드타
워(약 555m)의 세 배 가까이 됩니다. 게다가 전체 면적이 한국 땅
의 약 3분의 1과 맞먹을 정도로 무척 넓습니다. 당연히 어마어마

한 양의 물이 고여 있겠죠? 바이칼 호수는 지구 표면에 존재하는 민물의 약 5분의 1을 차지합니다.

이처럼 깊고 넓고 물이 가득한데, 바다에서 아주 멀리 떨어진 내륙 깊숙한 곳에 있습니다. 대략 2500만~3000만 년 전에 생긴 것으로 추정합니다. 그래서 오랜 세월 고립된 채 고유한 수중 생태계가 형성되었고, 독특한 생물이 많이 서식하게 되었죠. 포유류로는 물범 중에서 몸집이 가장 작은 네르파(바이칼 물범), 어류 중에선 오물이 대표적입니다. 오물은 연어과에 속하는 어류이지만 몸 크기가 더 작고 주둥이 모양, 색깔 등 생김새와 습성이 달라요.

바이칼 호수는 산과 숲으로 둘러싸이고 바위섬들도 있어 풍경이 멋집니다. 한겨울에 꽁꽁 얼어붙으면 물결 모양의 신기한 얼음이 생기고요. 시베리아의 내륙 중앙부에 위치해 접근성이 무척 떨어지는데도 이런 볼거리 덕분에 관광객의 발길이 끊이지 않죠. 더구나 주변에 온천이 샘솟아 러시아 사람들이 휴양하러 많이 찾아오면서 리조트까지 들어서 있습니다. 시베리아 횡단 열차 여행객들도 호수 주변의 정차역에 내려 하루 이틀 머물며 관광한 뒤 다시 기차에 오르곤 합니다.

이 호수는 주변 지역 주민들에게 수산물을 공급해 주는 식량 창고 역할도 톡톡히 해 왔어요. 특히 어획량이 가장 풍부한 오물

네르파와 오물

**훈제 오물**

은 특산물이 되었죠. 주민들은 오물을 튀기고 굽고 쪄 먹기도 하지만, 햇볕에 내걸어 북어처럼 바싹 말리거나 소금에 절이거나 훈제로 만들어 보존식으로도 활용합니다.

진한 훈연 향이 밴 '훈제 오물'은 주민은 물론 관광객들 사이에서 바이칼 호수의 별미로 인기가 높죠. 훈제 연어처럼 향긋하고 짭짤하고 은은한 단맛이 나서 오물오물 씹어 먹는 재미가 쏠쏠합니다. 지역 시장이나 관광지 상점에서 흔히 볼 수 있는데, 호수 인근의 시베리아 횡단 열차 정차역 승강장에선 현지 상인들이 훈제 오물이나 말린 오물을 들고 와서 탑승객들에게 팔기도 해요.

# 한국인과 쏙 빼닮은
## 부랴트인의 주식

바이칼 호수 동남쪽에는 러시아 연방에 속한 부랴트Buryat 자치
공화국, 서북쪽에는 러시아 이르쿠츠크주가 자리합니다. 이 일대
는 원래 투르크인과 몽골인의 후손으로 추정되는 부랴트인의 터
전이었어요. '바이칼'이란 이름도 '풍요로운 호수'를 뜻하는 고대
투르크어 '바이쿨'에서 비롯했다고 합니다. 부랴트 자치 공화국
의 국기에는 몽골 국기에 있는 '소욤보' 문양(자유와 독립의 상징)이
들어가 있고요. 하지만 오늘날엔 서쪽에서 이주해 온 러시아계
백인 인구가 다수를 차지하고 혼혈인도 늘었습니다.

부랴트인에게는 관광객들에게 익숙한 '훈제 오물'이 아닌, 아
주 독특한 오물 전통 음식이 있어요. 삭혀서 만든 '에스 두시콤с
душком'입니다. 이 이름은 부랴트어가 아니라 러시아어인데요,
'썩는 냄새가 나는'이란 뜻입니다. 만드는 방법은 간단해요. 날씨
가 따뜻한 날, 갓 잡은 오물을 내장도 꺼내지 않은 채 쿰쿰한 냄
새가 날 때까지 햇볕에 그냥 둡니다. 생선을 실온에서 썩기 직전
상태로 삭히는 것인데, 살과 내장을 가리지 않고 날것 그대로 먹
습니다. 부랴트인들은 별미로 즐겨 먹지만 타지에서 온 러시아
사람들은 입맛에 영 안 맞았는지 '썩는 냄새'라는 이름을 붙였습

**부랴트 자치 공화국의 위치**

니다.

부랴트인의 에스 두시콤처럼 한국에도 삭혀서 독특한 냄새를 풍기는 생선 먹거리가 있죠. 호남 지방의 삭힌 홍어회입니다. 톡 쏘는 맛의 홍어회도 현지 주민들에겐 인기가 높지만, 발효 과정에서 비롯된 냄새 때문에 다른 지역에선 호불호가 크게 갈리는 음식이죠.

삭혀서 강한 향이 나는 생선을 날것으로 즐겨 먹는 민족이 또 있다니 신기하죠? 사실 한국인과 부랴트인은 서로 닮은 점이 많습니다. 우선 생김새가 무척 비슷해요. 실제로 한국인과 부랴트

**부랴트인들의 샅바 씨름** 레슬링처럼 태클을 할 수 있다.

인의 DNA를 분석했더니 거의 동일하게 나타났다고 합니다. 그뿐만 아니라 샅바를 잡고 겨루는 씨름, 혈연을 중시하는 씨족 사회의 전통, 생활 곳곳에 영향을 끼치는 샤머니즘 등 풍속도 닮았어요. 특히 부랴트의 건국 신화 중 하나인 '백조 아내' 전설은 한국의 전래동화 〈나무꾼과 선녀〉와 놀라울 정도로 흡사합니다.

투르크인과 몽골인의 후손인 부랴트인은 말을 잘 타고 활 솜씨도 뛰어난 유목민이었습니다. 이동식 천막인 게르에 살면서 가축을 길러 고기 및 유제품을 얻는 한편, 들짐승을 사냥하거나 열매를 채집해 먹거리를 마련했죠.

235

이 일대에서 농사를 짓기 시작한 건 17세기 러시아의 지배를 받고 러시아인들이 이주해 온 이후입니다. 그래서 호수에 가득한 오물은 부랴트인에게 늘 중요한 식량원이었습니다. 특히 1991년 소련이 무너진 뒤 사회적 혼란 속에 배급이 끊기는 등 먹을 것을 구하기 어려워지자, 주민들은 바이칼 호수의 오물을 잡아 주식으로 먹으며 버텼죠.

## 춥고 황량한 시베리아에서 살아남으려면

오물에 의존했던 부랴트인의 식생활에는 시베리아 기단으로 인한 혹독한 날씨가 큰 영향을 끼쳤습니다. 기단은 넓은 지역에 오래 머물며 땅이나 바다의 영향을 받아 기온, 습도 등이 일정하게 나타나는 거대한 공기 덩어리를 뜻해요. 한국 날씨의 경우 겨울에는 서북쪽의 시베리아 기단, 봄에서 초여름까지는 동북쪽의 오호츠크해 기단, 여름에는 동남쪽의 북태평양 기단과 남쪽의 적도 기단에 영향을 받습니다.

시베리아 기단은 거대한 시베리아 땅 위에서 형성된 공기 덩어리인데, 겨울 날씨를 생각해 보면 그 성질을 짐작할 수 있죠. 살을 에는 듯한 강추위가 특징입니다. 세계에서 가장 추운 거주지가 시베리아 동북부의 오이먀콘 마을이란 사실만 봐도 이 지역의 겨울 날씨가 얼마나 매서운지 알 수 있죠. 오이먀콘의 1월 평균 기온은 무려 -50℃라고 합니다.

유라시아 대륙 동북쪽에 자리한 시베리아는 대륙성 기후가 나타나 여름과 겨울 기온의 연교차 및 낮과 밤 기온의 일교차가 큽니다. 또한 햇볕이 비스듬하게 내리쬐며 태양열이 분산되는 고위도 지역이라서 냉대 기후가 나타납니다. 냉장고나 냉면이 연상되는 '냉대'라는 말에서 추위가 느껴지죠. 쾨펜은 1년 중 가장 추운 달의 기온이 -3℃ 미만이고 가장 더운 달의 기온이 10℃ 이상인 기후를 냉대 기후로 정리했어요. 냉대 기후는 냉대 겨울 건조 기후와 냉대 습윤 기후로 다시 나뉘는데, 둘의 차이는 강수량에 있습니다. 겨울 풍경을 떠올리면 비교하기 쉬워요.

냉대 습윤 기후 지역에는 겨우내 많은 눈이 자주 내리기 때문에 바깥이 늘 하얗고 1년 내내 강수량이 고른 편이죠. 반면 냉대 겨울 건조 기후 지역에는 비나 눈이 거의 내리지 않아 겨울에도 좀처럼 눈 구경을 하기 어렵고, 가지를 앙상하게 드러낸 나무만 눈에 띄어 황량한 갈색 풍경을 볼 때가 많아요. 겨울철 한국에선 남부를 제외한 내륙 지방 대부분이 냉대 겨울 건조 기후에, 태백산맥 일대가 냉대 습윤 기후에 속합니다.

이르쿠츠크의 겨울

시베리아 동남부에선 냉대 겨울 건조 기후, 시베리아 서북부에선 냉대 습윤 기후가 넓게 나타납니다. 바이칼 호수 서북쪽의 이르쿠츠크주는 가장 더운 7월의 평균 기온이 16.4℃, 가장 추운 1월의 평균 기온이 -20.1℃입니다. 동남쪽의 부랴트 자치 공화국은 가장 더운 7월의 평균 기온이 17.4℃, 가장 추운 1월의 평균 기온이 -24.3℃이고요. 강수량은 두 지역 모두 적은 편인데, 7~8월에 집중됩니다. 전형적인 냉대 겨울 건조 기후 지역인 거죠.

이 일대는 여름이 서늘하고 기간도 2개월 정도로 짧아요. 반면 겨울은 엄청 춥고 5개월이나 이어집니다. 이런 날씨 때문에 농사를 짓기 어려운 것은 물론, 재배할 수 있는 농작물의 종류도 제한적입니다. 겨울에 강추위가 닥치면 유목민의 소중한 재산이자 먹거리인 가축들이 얼어 죽는 경우도 적지 않았죠. 그래서 오물이 이 지역 주민에겐 더욱 중요한 먹거리가 된 것입니다.

## 훈제 오물의 향을 살리는 자작나무

냉대 기후가 대부분을 차지하는 시베리아에는 '타이가taiga'라고 하는 숲이 들어서 있습니다. 타이가는 러시아 말로 '울창한 숲'을 뜻하는데, 주로 침엽수가 많습니다. 침엽수는 잎의 모양이 뾰족한 침(바늘)처럼 생긴 나무를 가리킵니다. 가문비나무나 전나무, 소나무가 대표적이죠. 이런 나무는 잎이 가늘고 길며 단단해 수분을 잘 증발시키지 않고 추위에 강한 것이 특징입니다. 침엽수와 달리, 잎이 넓적한 활엽수는 따뜻한 곳에서 잘 자라기 때문에 추위의 땅인 시베리아에서 살아남기 어렵습니다.

그런데 냉대 기후 지역인 시베리아에서 잘 자라는 활엽수가 있습니다. 자작나무입니다. 나무껍질이 하얀 자작나무는 한반도와 일본의 높은 산악 지역, 중국 동북부, 몽골, 러시아의 시베리아 등 추운 지역에 주로 서식합니다. 활엽수인데도 날씨가 더운 지방에선 오히려 적응하지 못해, 러시아의 타이가에선 침엽수와 더불어 자작나무가 큰 비중을 차지합니다. 시베리아 횡단 열차를 타고 가면 끝없이 펼쳐진 자작나무 숲을 실컷 볼 수 있어요.

바이칼 호수의 주민들은 훈제 오물을 만들거나 바로 구워 먹을 때 자작나무를 땔감으로 씁니다. 워낙 흔해서 구하기도 쉽지만 나무를 태울 때 나는 연기의 향이 오물을 한층 맛있게 만들어주기 때문이죠. 자작나무는 '자작자작' 소리를 내며 잘 탄다고 해서 붙인 이름이에요. 나무껍질에 기름기가 많아 땔감으로 아주 적당한 목재입니다. 옛날에는 자작나무 껍질로 만든 초인 화촉을 밤에 불 켤 때 사용하기도 했죠.

스칸디나비아 및 러시아 타이가
서시베리아 타이가
동시베리아 타이가
북시베리아 타이가
사할린 타이가
캄차카-쿠릴 타이가

**북반구 유라시아의 타이가 분포 지역과 자작나무 숲**

**이즈바**

오물을 훈연하는 것 말고도 자작나무는 쓸모가 많습니다. 하늘을 향해 곧게 자라나 가공하기 편한 데다 습기에 강해 잘 썩지 않고 단단해서 건축 및 가구 자재로 인기가 높아요. 숲의 나무 자원을 상품으로 활용하는 임업은 시베리아 지역 경제에서 굉장히 중요한 산업입니다. 자작나무는 물론, 타이가에 가득한 침엽수 덕에 임업이 발달할 수 있었죠. 이 지역에서 볼 수 있는 통나무집 '이즈바izba'는 이처럼 풍부한 나무를 활용해 혹독한 추위를 견디기 위해서 고안된 주택입니다. 17세기 이후 이주해 온 러시아인 농민들에게서 시작되었어요.

이즈바는 지름이 35~40cm인 통나무, 혹은 그보다 더 굵은 통나무로 지어 보온과 단열 효과가 좋습니다. 시베리아의 매서운 겨울 추위를 이겨 내기에 알맞아요. 또한 겨울에 건물 위로 눈이 쌓여 무너지지 않도록 뾰족한 박공지붕 형태로 되어 있죠. 집 안에는 난로를 설치했는데요, 열 손실을 줄이기 위해 집을 작게 지어 면적이 무척 좁았고 창문도 아주 작게 냈습니다. 세월이 흘러 난방 기술이 개선되고 찬바람을 차단하는 이중창이 널리 쓰이면서 이즈바의 집 크기와 창문도 커졌어요. 원래는 난로의 연기를 밖으로 내보내는 구멍과 환기 목적의 자그마한 창문만 있었다고 해요. 그래서 대낮에도 집 안이 어둠침침했습니다. 당시 농민들은 온종일 밖에서 일하다가 밤에 잠만 자러 집에 들어왔기 때문에 그저 추운 바람을 막는 데만 신경 썼던 거죠.

## 절반으로 줄어든 오물과
## 밀려나는 타이가

2017년 러시아 정부는 바이칼 호수에서 3년 동안 오물을 상업적 목적으로 잡지 못하도록 금지했습니다. 호수에 서식하는 오물의 개체 수가 15년 만에 절반 가까이 줄었다는 충격적인 연구 결과가 나왔기 때문이죠. 오물이 맛있다고 소문나면서 러시아의 다른 지역으로 판매가 늘어 지나치게 많이 잡은 것과 기후 변화가 중요한 원인으로 꼽혔습니다.

다른 곳들과 마찬가지로, 바이칼 호수도 지구 온난화의 영향을 받아 호수가 얼어붙는 기간이 점점 줄고 수온도 올라갔습니다. 이런 변화에 따라 따뜻한 물에서 잘 자라는 식물성 플랑크톤이 늘어 수질을 악화시켰죠. 한국에서도 여름마다 호수와 강의 물빛을 흉한 초록색으로 만드는 '녹조 라떼' 현상이 일어나잖아요. 그 원인이 바로 녹조류인 식물성 플랑크톤의 과도한 증가입니다. 더구나 바이칼 호숫가엔 관광객을 위한 숙박 시설이 계속 생겼고, 이르쿠츠크엔 대규모 산업시설까지 건설되어 오염된 물의 배출량이 크게 늘었죠. 이런 폐수는 식물성 플랑크톤의 영양분이 되어 물을 더욱 더럽게 만듭니다.

한편 바이칼 호수의 차가운 물을 좋아하는 에피슈라Epischura는 줄고 있어요. 아주 작은 새우 종류의 동물성 플랑크톤인 에피슈라가 식물성 플랑크톤을 먹어 치워, 바이칼 호수는 그동안 물속이 투명하게 보일 정도로 아주 깨끗한 수질과 풍부한 산소를 유지할 수 있었는데요. 기후 변화로 그 시스템이 깨졌습니다. 망가진 수중 생태계가 오물의 생태에도 영향을 끼치면서 개체 수가 절반 가까이 줄었어요. 더구나 오물은 찬물을 좋아하는 어류라서 점점 따뜻해지는 수온에 적응하기가 쉽지 않을 겁니다.

훈제 오물을 향긋하게 해 주는 자작나무의 운명도 위태롭습니다. 자작나무는 추운 날씨를 좋아하는 활엽수이기 때문에 시베리아에서 번성할 수 있었어요. 그 덕분에 주민들은 일상생활에서 자작나무를 다양하게 활용해 왔죠. 냉대 기후 지역에서 살아가는 동물에게는 먹이와 보금자리를 제공해 주었고요.

하지만 날씨가 더워지면서 타이가가 점점 북쪽으로 이동 중입니다. 또한 해충이 늘고 산불도 자주 일어나 자작나무 숲이 큰 피해를 입고 있어요. 넓디넓은 시베리아의 타이가는 지구에 엄청난 양의 산소를 공급하고 기후 변화의 주요 원인인 탄소를 빨아들이며 자연의 공기청정기 역할을 합니다. 타이가가 사라질수록 지구 온난화는 더욱 가속화되어 끔찍한 재앙을 몰고 올 것입니다.

폭설을
다루는
지혜

냉대 습윤Df

일본
루이베

크리스마스가 다가오면 '화이트 크리스마스'가 될지 예보하는 뉴스를 늘 접합니다. 눈이 소복이 쌓인 새하얀 크리스마스 풍경에 대한 기대가 그만큼 크다는 뜻이겠죠. 캐럴만 들어 봐도 그렇잖아요. "흰 눈 사이로~ 썰매를 타고~", "창밖을 보라~ 창밖을 보라~ 흰 눈이 내린다~" 등등…. 꼭 크리스마스 시즌에만 그런 건 아닙니다. 겨울마다 첫눈에 특별한 의미를 부여하는 걸 보면 눈을 좋아하는 사람이 많다는 사실을 알 수 있어요. 그래서 매년 2월, 일본 홋카이도北海道의 중심 도시 삿포로札幌에서는 눈을 실컷 즐길 수 있는 '삿포로 눈 축제'가 열립니다.

축제가 진행되는 8일 동안 시내 곳곳에선 눈과 얼음 조각의 작품 전시회가 열립니다. 아울러 눈썰매장, 미로 등 놀이터가 마련되어 어린이들이 신나게 놀죠. 특히 눈 조각 작품은 가장 큰 볼거리입니다. 거대하고 정교한 '대설상大雪像'들이 등장하거든요.

삿포로 눈 축제를 맞아 시내에 장식된 눈 조각과 얼음 조각

홋카이도 오타루 운하의 설경

세계 각국의 랜드마크(어떤 지역을 대표하거나 구별하게 하는 표지) 건축물, 애니메이션 캐릭터 등 작품의 소재가 다양합니다. 1950년부터 시작된 이 축제는 매년 약 200만 명이 찾을 정도로 인기가 높습니다.

눈 축제가 아니더라도, 홋카이도는 겨울에 더욱 매력적인 여행지입니다. 하얀 눈으로 뒤덮인 아름다운 명소가 많아요. 비에이美瑛의 '아오이 이케(푸른 호수)'나 '시로히게노 다키(하얀 수염의 폭포)'가 대표적입니다. 온천도 곳곳에 있는데, 뜨끈한 노천온천탕에 몸을 푹 담근 채 눈을 맞는 건 색다른 경험입니다. 겨울 스포츠도 빼놓을 수 없죠. 산과 언덕이 발달한 지형 덕택에 스키장이 많아서 스키나 스노보드를 타려는 관광객들의 발길이 끊이지 않습니다. 또 눈과 추위를 활용해서 만든 홋카이도의 독특한 먹거리가 있어요. 연어, 시샤모 등 수산물을 날것 그대로 눈 속에 파묻어 얼렸다가 녹여서 먹는 '루이베ルイベ'입니다.

## 1년 중 3분의 2는 눈이 내리는 섬

일본은 1만 4000여 개의 섬이 줄지어 늘어선 열도列島로 이루어진 나라입니다. 일본 열도에서 면적이 넓고 인구가 많은 네 개의 주요 섬은 혼슈本州, 홋카이도, 규슈九州, 시코쿠四国예요. 이 섬들은 남북과 동서 방향으로 길게 뻗어 있고 내륙에는 높은 산지가 발달해 있습니다. 그래서 위도와 지형에 따라 쾨펜의 기후 구분도 다르게 나타나죠. 남쪽에 자리한 규슈와 시코쿠, 혼슈 남부 및 해안 지역은 대부분 온난 습윤 기후에 속해 따뜻하고 비가 자주 내리는데, 북쪽의 홋카이도와 혼슈의 북부 및 내륙 산간 지역은 냉대 습윤 기후 지역이 넓게 나타나 겨울에 춥고 눈이 많이 내려요.

네 개의 섬 가운데 홋카이도는 한국과 면적이 비슷합니다. 가장 북쪽에 자리해 위도가 높은데, 10~11월부터 눈이 내리기 시작해 이듬해 4~5월까지 이어집니다. 하지만 지역에 따라 눈이 내리는 양은 제법 차이 납니다. 동해와 맞닿은 섬의 서북부 해안과 중앙부 산지는 눈이 많이 내리는 반면, 태평양 쪽에 자리한 동남부 해안은 강설량이 훨씬 적습니다. 홋카이도 서북부의 호로카나이幌加内는 1년에 내리는 눈의 양이 평균 12.3m에 이르죠. 2018년 2월 24일 내린 폭설로 하루 만에 눈이 3m 넘게 쌓인 적도 있어요. 동해에서 멀지 않은 눈 축제의 도시 삿포로도 연평균 강설량이 약 4.8m에 이릅니다. 그런데 태평양에 인접한 홋카이도 동남부의 해안 도시 구시로釧路의 연평균 강설량은 약 1.3m에 불과해요.

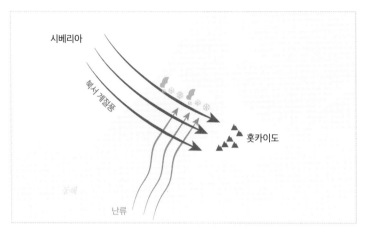

**눈구름의 이동**

이처럼 같은 섬 안에서도 눈의 양이 10배 가까이 차이 나는 건 바다와 계절풍, 산이 합작한 결과입니다. 겨울에 동해에서 수증기를 잔뜩 머금고 만들어진 무거운 눈구름이 시베리아에서 불어오는 차가운 계절풍을 타고 홋카이도에 도착한 뒤 섬 중앙부의 산과 부딪혀 눈을 쏟아붓기 때문이죠. 산을 넘어간 바람과 구름은 건조해져 동남부 해안에선 강설량이 확 줄어듭니다. 반면 동해 인접 지역과 산지에선 겨울마다 폭설 피해에 늘 주의를 기울여야 하는데요, 삿포로는 골칫거리인 눈을 지역 축제 테마로 활용하는 역발상을 통해 세계적인 관광지로 거듭났습니다. 아이러니컬하게도 눈을 치우거나 녹이는 제설 기술이 발달한 덕분이죠.

예전에는 감당할 수 없을 정도로 쏟아지는 눈을 생활에 불편만 초래하는 장애물로 여겼습니다. 산과 들판을 온통 뒤덮은 눈에 발이 푹푹 빠져 먹을 것을 구하러 다니기도 어렵고, 집이 눈의 무게를 견디지 못해 무너질 염려도 있었으니까요. 하지만 인간은 가혹한 환경에도 적응하게 마련이죠. 루이베는 홋카이도 원주민인 아이누アイヌ가 냉대 습윤 기후의 특징인 폭설과 추위를 활용해서 만든 겨울철 비상식량에서 비롯된 음식입니다.

## 도토리를 묻어 두는
## 다람쥐처럼

오늘날의 일본인은 야요이인弥生人과 일본 열도의 원주민인 조몬인縄文人의 혼혈 후손으로 추정됩니다. 한국인과 닮은 북방계 인종인 야요이인은 기원전 300년경 한반도에서 농경 문화를 갖고 일본의 규슈 북부로 건너가 정착했어요. 동남아시아계 인종인 조몬인은 그보다 훨씬 이전부터 일본 열도에 살았던 원주민이고요.

야요이인은 벼농사를 짓기 좋은 일본 서남부의 온난 습윤 기후 지역에서 살다가 점점 동쪽으로 이동했습니다. 인구가 늘자 농사지을 땅이 더 필요했던 거죠. 수렵, 어로, 채집 생활을 한 조몬인은 야요이인과 차츰 어울려 살며 일본인의 한 뿌리가 되었어요. 하지만 일부는 자신들의 터전을 침범하는 것에 저항하다가 춥고 눈이 많이 내리는 동북부까지 밀려난 것으로 보입니다. 야요이인은 도구에 익숙한 농경 민족이라서 무기도 잘 다뤘거든요. 아울러 벼농사를 지으며 서로 협력하는 문화가 있어 전투 능력 면에서 조몬인보다 훨씬 뛰어났죠.

그렇게 야요이인에게 쫓겨난 조몬인이 아이누인의 조상이라는 주장이 있습니다. 유전자를 분석해 보니 일본 원주민인 조몬인에 가까운 것으로 나타났다는 겁니다. 아울러 오스트레일리아 원주민인 애버리지니aborigene나 파푸아뉴기니의 파푸아인과 비슷하다는 조사도 있어요. 아무튼 아이누는 일본어가 아닌 고유의 아이누어를 썼고 생김새나 풍습도 일본인과 다른 민족입니다. 추운 기후에 오랜 세월 적응해 와서 몸에 털이 많은 게 특징이죠. 아이누는 그들의 말로 '사람'을 뜻해요.

아이누는 한때 일본 혼슈의 동북부인 도호쿠東北 지방과 홋카이도, 러시아의 사할린 및 쿠릴 열도 등 넓은 지역에 걸쳐 살았습니다. 이 일대는 모두 겨울이 길어 농사를 짓기 어려운 냉대 습윤 기후 지역이에요. 그래서 그들은 대대로 고대 조몬인처럼 곰, 사슴, 토끼 같은 들짐승을 사냥하거나 나무의 열매를 따는 등 주로

**아이누인들의 옛 거주 지역**

원시적인 방식으로 먹을 것을 구했죠.

　특히 강이나 호수에서 잡아들이는 수산물은 가장 중요한 먹거리였습니다. 아이누는 눈이 내리기 시작하는 늦가을에 물고기를 잔뜩 잡아 눈 속에 파묻어 얼려서 루이베를 만들었는데요, 냉동실에 넣은 식품이 오랫동안 썩지 않는 것처럼 눈속의 루이베도 변질되지 않은 채 겨우내 보존할 수 있었어요. 식량을 구하기 힘든 길고 긴 겨울에 루이베를 꺼내 먹으며 버틴 거죠.

# 입안에서 녹여 먹는
# 물고기의 매력

루이베는 아이누어 '루이페'에서 비롯한 이름입니다. 아이누의 말로 '루'는 '녹인다', '이페'는 '먹거리'란 뜻이에요. 말하자면 '녹인 먹거리'인 셈인데, 눈 속에 파묻어 얼렸다가 꺼내서 얇게 썬 뒤 입안에 넣어 조금씩 '녹여서 먹는' 과정이 음식 이름에 담겨 있죠. 살얼음이 붙은 생선회의 시원한 첫맛과 혀 위에서 차츰 녹아 부드럽게 풀어지는 식감이 루이베의 매력입니다. 루이베는 꽁꽁 얼린 물고기를 화롯불에 데워 녹여 먹거나, 얼리고 녹이는 과정을 반복하며 말린 것을 가리키기도 했어요. 오래 보존할 목적으로 날생선을 얼린 것이지만, 그 과정에서 물고기 몸에 붙은 기생충을 죽이는 효과까지 얻었습니다.

　루이베의 재료는 홋카이도의 하천에서 많이 잡히는 연어, 송어, 시샤모 등입니다. 이 어종은 냉수성 어류입니다. 물고기 종류에는 따뜻한 물을 좋아하는 온수성 어류와 차가운 물을 좋아하는 냉수성 어류가 있는데, 홋카이도는 냉대 기후 지역이면서 주변 바다에 한류가 흐르는 덕분에 강, 호수, 바다의 수온이 낮아 다양한 냉수성 어류가 서식합니다. 더구나 일본의 다른 곳에 비해 하천에 흐르는 물의 양이 많아서 민물고기가 살기에 좋은 환경이

**연어로 만든 루이베**

죠. 연간 강수량은 타 지역보다 적은 편이지만, 내리자마자 하류와 바다로 흘러가는 비와 달리 눈은 겨울 동안 녹지 않고 계속 쌓이며 한꺼번에 유출되지 않기 때문입니다.

연어, 송어, 시샤모에게는 또 하나의 공통점이 있어요. 강에서 태어나 바다로 나가서 살다가 산란기, 즉 알을 낳을 시기가 되면 다시 강으로 돌아오는 회귀성 어류라는 점입니다. '회귀回歸'는 '돌아온다'라는 뜻이죠. 강이나 호수에 사는 민물고기와 바다에 사는 바닷물고기는 물의 소금기를 몸 안에 받아들이고 배출하는 구조가 달라서 서식지가 다른데요, 회귀성 어류는 양쪽에 다 적응합니다. 산란기의 회귀성 어류는 무리를 지어 강을 거슬러 올라가기 때문에 아이누들은 작살, 화살, 어망 등을 활용해 비교적 손쉽게 이런 물고기들을 잡았어요.

특히 홋카이도의 맑은 강물에 가득했던 연어는 아이누의 단백질 공급원이자 주식이었습니다. 연어는 일본어로 '사케鮭'나 '샤케シャケ'라고 하는데, 아이누들은 '카무이쳅'이라고 불렀어요. '카무이'는 '신', '쳅'은 '물고기'를 가리킨다고 해요. 그들에게 연어는 '신이 내려 준 물고기'로, 그 어떤 것보다 소중하고 귀한 먹거리였습니다. 그래서 고기는 물론 내장까지 남김없이 먹었죠.

아이누인들은 연어를 잡기 전 강가에서 신에게 공물을 바치고 기도하는 의식을 치르기도 했습니다. 연어를 다 잡은 뒤엔 신이 내린 은혜를 다른 부족이나 들짐승과 나눈다는 뜻에서 일부를 강가에 남겨 두었어요. 또한 연어의 고기와 내장을 바른 뒤 질긴 껍질을 겹겹이 쌓아 겨울용 방한 신발의 재료로 쓰기도 했습니다.

## 관광업, 아이누 문화를 되살리다

따뜻한 남쪽 지방에 살던 일본인들이 점점 북쪽으로 영역을 넓히며 홋카이도를 넘보기 시작한 건 15세기 이후입니다. 원주민인 아이누로선 땅을 빼앗기는 셈이니 일본인과 계속 충돌했죠. 아이

누는 100년 가까이 항쟁했지만 실패해 서서히 일본 에도江戶 막
부의 지배를 받게 됩니다. 에도 시대(1603~1867) 말기에 홋카이
도로 이주한 일본인은 이미 아이누 인구의 세 배를 훌쩍 넘었어
요. 1868년 메이지 유신으로 근대 국가를 세운 일본 정부는 홋카
이도를 자국 영토로 완전히 편입시켰습니다.

일본은 아이누의 정체성을 지우기 위해 민족 동화 정책을 강제
로 시행했어요. 수렵, 어로, 채집을 금지하고 농사를 짓게 했습니
다. 갑작스러운 생활 방식의 변화에 적응하지 못한 아이누는 극심
한 가난에 시달렸어요. 늦가을에 연어를 잡지 못하면서 겨울을 나
는 비상 식량인 루이베도 만들어 먹기 어려웠습니다. 또한 학교에
선 일본어만 가르치고 아이누어를 쓰지 못하게 했어요. 일본인들
은 아이누를 문명인이 아니라는 뜻에서 '토인土人'이라고 비하해
부르며 심한 민족 차별도 서슴지 않았습니다. 취업, 결혼에 지장
을 받는 등 아이누는 온갖 수난을 당했어요. 일제 강점기를 겪은
한국인에게도 낯설지 않은 역사죠.

오늘날 홋카이도의 인구는 약 520만 명인데, 아이누는 겨우
1만 3000여 명에 불과한 소수 민족이 되어 버렸습니다. 민족 동
화 정책과 차별 속에서 전통 풍습을 거의 잃어버린 것은 물론, 이
제 아이누어를 말할 수 있는 사람이 겨우 10여 명밖에 안 된다고
해요. 아이누의 흔적은 삿포로(삿포로펫: 말라 붙기 쉬운 강), 오타루

**아이누 전통 민속 공연**

(오타루나이: 모래가 섞여 흐르는 작은 강) 등 지명 정도만 남아 있습니다. 아이누들이 빼앗긴 정체성과 권리를 되찾기 위해 나선 건 일본이 1945년 제2차 세계 대전에서 패하고 이듬해인 1946년에 아이누 협회가 조직된 이후입니다. 그리고 51년이 지난 1997년이 되어서야 아이누에 대한 차별적 내용을 담은 법이 비로소 폐지되었죠.

한편 일본은 1960년대 이후 경제가 급속하게 발전해 1인당 국민 소득이 점점 높아졌습니다. 생활에 여유가 생긴 일본인들은 전국 각지로 여행을 다니기 시작했어요. 대자연의 풍경, 이국적인 근대 서양식 건축물, 겨울 스포츠 등 볼거리와 즐길 거리가 가득한 홋카이도는 관광지로서 인기가 높았죠. 그러면서 일본인들에게 생소하고 독특한 아이누 문화가 지역 관광 상품으로 떠올랐어요. 아이누의 전통 먹거리인 루이베도 홋카이도 여행길에 맛보는 향토 요리로 주목받았고요.

물론 옛날 방식대로 눈 속에 파묻은 루이베를 꺼내 먹는 건 아닙니다. 냉동실에 얼린 연어회를 녹여 고추냉이 섞은 간장이나 레몬즙, 무즙을 찍어 먹는 방식으로 변했어요. 루이베는 홋카이도를 다녀간 관광객을 통해 입소문이 나면서 전국 각지의 식당 메뉴에도 오르게 되었습니다. 루이베 튀김, 루이베 간장절임, 루이베 샐러드, 루이베 파스타 등 종류도 다양해졌죠.

## 연어잡이 전통의
## 권리를 둘러싼 문제

2020년 한 아이누 민족 단체가 일본 정부를 상대로 소송을 걸었습니다. 홋카이도의 강에서 연어를 잡지 못하게 하는 '수산 자원

보호법' 등 관련 법을 아이누에게는 더 이상 적용하지 말라는 것이었습니다. 이 단체는 연어잡이가 수백 년 넘게 조상 대대로 이어진 아이누의 전통인데, 메이지 유신 이후 일본 정부가 민족 동화 정책을 강요하며 일방적으로 금지한 것은 잘못된 조치라고 지적했습니다.

이런 움직임은 2007년 유엔 총회에서 채택한 '원주민 권리 선언'의 영향을 받은 것입니다. 이 선언은 유엔 회원국이 원주민에게 요구했던 강제 이주, 토지 몰수, 문화 강요 등의 억압적인 조치를 바로잡고 원주민 고유의 전통을 존중하자는 내용을 담았어요. 이에 일본 정부도 2019년 아이누를 원주민으로 인정하고 그들의 독자적인 문화를 되살리는 '아이누 시책 추진법'을 채택했죠. 하지만 정작 일본이 아이누에게서 빼앗은 토지와 자원에 대한 권리는 이 법에 포함하지 않아 논란이 되었습니다. 이러한 가운데 아이누들이 민족 고유의 풍습인 가을철 연어잡이의 권리를 법적으로 인정해 달라고 한 것입니다.

긴 법정 싸움 끝에 2024년 일본 법원의 첫 판결이 나왔는데, 아이누 단체는 패소했습니다. 일본 법원은 연어잡이가 아이누의 생활, 전통, 문화 등과 밀접하게 관련된 점은 인정하지만, 하천은 공공의 공간이고 연어는 천연 수산 자원이라서 특정 집단에게만 연어를 잡는 권리를 인정할 수는 없다고 결론 내렸죠. 판결이 나오자 단체는 "정부가 아이누의 존재는 인정하되 아이누의 권리는 인정하지 않겠다는 것을 이해할 수 없다"라며 항소하겠다고 밝혔습니다. 아울러 아이누로서 당당하게 살아갈 수 있기를 바란다고 덧붙였어요.

그런데 이것은 쉽게 해결될 문제가 아닙니다. 옛날처럼 홋카이도의 강에 연어가 넘치도록 찾아오지 않거든요. 홋카이도의 가을철 연어 어획량은 2000년대 중반 이후 눈에 띄게 줄고 있습니다. 2003년에 연간 약 5612만 마리를 기록하던 어획량이 20년 만인 2023년에는 1922만 마리로 66%나 줄었어요. 정부 차원에서 연어의 치어(어린 물고기)를 열심히 방류하며 개체 수를 늘리기 위해 애쓰지만, 어찌 된 영문인지 연어가 자꾸 줄어들고 있죠.

주요 원인으로 지목되는 건 기후 변화입니다. 지구 온난화로 홋카이도 동쪽의 태평양 수온이 자꾸 오르면서 연어가 찬물을 찾아 점점 북쪽 해역으로 옮겨 간 탓입니다. 기후 변화가 지금처럼 지속되면, 아이누에겐 신이 내려 준 소중한 먹거리였던 연어를 홋카이도에서 더 이상 볼 수 없게 되겠죠. 어찌 되었든 자연과 어울려 살아온 아이누로서는 참으로 억울한 일입니다.

# 노르웨이
# 연어 떼죽음의
# 경고

살이 기름져 야들야들한 연어는 연어회, 연어초밥, 훈제연어, 연어장, 연어 스테이크 등 다양한 메뉴로 즐겨 먹는 생선입니다. 고소한 맛에 살집이 도톰하고 잔가시도 없어 인기가 높죠. 한국해양수산개발원이 2024년 실시한 설문 조사에 따르면, 한국인이 가장 좋아하는 생선회 순위에서 연어회는 광어회에 이어 2위에 올랐어요. 그런데 한국 식탁에 오르는 연어는 거의 노르웨이에서 수입한 것입니다. 노르웨이 해안의 양식장에서 자란 양식 연어들이죠.

사실 연어는 한국의 강과 바다에서도 볼 수 있습니다. 대표적인 곳이 강원도 양양의 남대천입니다. 바다에 있던 연어들이 10~11월이면 알을 낳기 위해 남대천으로 돌아옵니다. 이 시기에 맞춰 양양에서는 매년 연어 축제가 열리는데, 2023년엔 송이버섯 축제와 합쳐 '양양 송이연어 축제'가 개최되었습니다. 1930년대에는 한반도 곳곳에서 연어가 '풍어(물고기가 많이 잡히는 것)'라는 소식이 종종 신문에 실리기도 했는데요, 지금은 한국의 연어 수가 워낙 줄고 상품성이 떨어져 대량으로 수입하

연어 양식장

노르웨이해

스웨덴

핀란드

러시아

노르웨이

오슬로

에스토니아

라트비아

영국          북해

덴마크      리투아니아

벨라루스

**노르웨이의 연어 양식장 분포**

는 노르웨이산 양식 연어가 식탁에 올라오는 것입니다.

북유럽의 노르웨이는 스칸디나비아반도의 서쪽 해안을 따라 남북으로 길게 뻗은 나라입니다. 섬을 제외한 본토의 가장 남쪽은 북위 약 57°, 가장 북쪽은 북위 약 71°에 있습니다. 북극과 가까운 북부에선 여름에 해가 지지 않는 백야 현상이 나타나기도 하죠. 서남부 해안은 온대 기후인 서안 해양성 기후 지역, 북부와 내륙은 냉대 기후인 냉대 습윤 기후와 한대 기후인 툰드라 기후 지역에 속합니다. 그래서 노르웨이 사람들은 날씨가 덜 추운 서남부 해안에 주로 몰려 살죠. 수도 오슬로Oslo도 남부 바닷가의 항구 도시입니다.

노르웨이의 연어 양식장은 서쪽 해안을 따라 남쪽에서 북쪽까지 빼곡히 들어서 있습니다. 그런데 지도를 보면 해안선이 들쑥날쑥 복잡하게 생겼어요. 육지 안 깊숙이 바다가 뾰족하게 파고 들어간 모양인데, 마치 여러 개의 큰 강이 나란히 흐르는 것처럼 보이죠. 이처럼 좁고 긴 만(바다가 육지 쪽으로 들어와 있는 형태)을 협만이라고 합니다. 빙하 때문에 생기는 지형이에요.

빙하는 추운 지역의 땅 위에 쌓인 눈이 오랜 세월에 걸쳐 녹았다가 다시 얼어붙는 과정을 반복하며 생긴 거대한 얼음덩어리가 높은 곳에서 낮은 곳으로 흘러내리는 것입니다. 엄청나게 무겁고 단단하기 때문에 아주 천천히 움직여요. 그 과정에서 땅이 얼음의 무게에 짓눌려 가라앉는 침식이 발생해 골짜기가 만들어집니다. 낮은 곳에서는 땅이 깊숙이 넓게 파이며 'U자' 형태의 골짜기가 생기는데, 이것을 'U자 곡'이라고 하죠. 날씨가 따뜻해져 U자 곡을 채웠던 빙하가 녹은 뒤 그 공간에 바닷물이 들어와서 채워지면 노르웨이 서쪽 해안처럼 협만이 발달한 해안선이 만들어집니다. 이렇게 생긴 바닷가를 '피오르fjord 해안'이라고 불러요. 피오르는 노르웨이 말로 '좁은 만', '바다', '큰 호수' 등을 뜻합니다.

노르웨이의 피오르 해안은 수심이 깊고 만의 안쪽 바다가 잔잔하며 수온도 낮아서 연어 양식을 하기에 유리한 조건입니다. 노르웨이는 이런 환경을 적극 활용해 1960년대에 연어 양식을 시작했어요. 지금도 전 세계 양식 연어의 절반 이상이 노르웨이산이죠. 2023년 노르웨이의 연어 수출량은 약 120만에 달했어요. 연어는 석유, 천연가스와 더불어 노르웨이 경제를 지탱하는 중요한 수출품입니다. 그런데 피오르 해안의

**예이랑에르피오르** 서부 피오르 중에서 가장 아름다운 곳으로 꼽힌다. 길고 깊은
바위벽이 인상적이다.

양식장에서 연어가 떼죽음하는 일이 벌어지며 우려가 커지고 있어요.
2023년에만 무려 약 6300만 마리가 갑작스럽게 죽었다고 합니다.

　연어의 떼죽음은 노르웨이 외에 영국, 캐나다 등 다른 나라의 양식장
에서도 발생하고 있어요. 규모도 갈수록 커지는 상황입니다. 양식 환경
이 나빠졌기 때문인데, 전문가들은 기후 변화를 주요 원인 중 하나로 지
목했어요. 냉수성 어류인 연어가 양식장의 따뜻해진 바닷물을 견디지

못하는 거죠. 아울러 2000년대 중반 이후 노르웨이 연어의 몸 크기가 갑자기 줄었다는 연구 결과도 발표된 바 있는데요, 이 또한 해수온 상승으로 연어의 먹이인 동물성 플랑크톤이 사라진 결과라고 합니다. 제대로 먹지 못해 덜 자란 거죠. 먼 나라 남의 얘기가 아닙니다. 앞서 이야기한 것처럼 한국인이 맛있게 먹는 연어 대부분이 노르웨이산이니까요.

한대·고산 기후 여행

5

# 이누이트의 비타민

툰드라ET

캐나다
막탁

2024년 5월 강원도 화천에서 오로라가 관측되어 주목을 받았죠. 당시 공개된 사진을 보면, 별이 가득한 밤하늘을 영롱한 보랏빛으로 물들인 광경이 참 신비롭습니다. 한국에 오로라가 나타난 건 21년 만입니다. 비슷한 시기에 독일, 스위스, 스페인, 일본 등 다른 나라에서도 잇달아 관측되어 전 세계적으로 화제가 되었어요.

오로라는 태양에서 뿜어져 나온 대전 입자(전기의 성질을 띠는 입자)들이 지구에 도착해 공기와 반응하면서 빛을 내는 현상입니다. 이 입자들이 지구의 자기장에 이끌려 극지방을 통해 들어오기 때문에 남극과 북극 및 그 주변의 고위도 지역에서 주로 오로라가 보이죠. 아주 강력한 태양 폭풍이 발생해 대전 입자의 양이 확 늘고, 이 대전 입자가 자기장이 약한 중위도 지역까지 흘러들어 가면 곳곳에서 알록달록한 오로라가 나타납니다. 2024년에 세계를 떠들썩하게 만든 각국의 오로라 출현도 비정상적인 태양

오로라 존

폭풍 때문이었죠.

평소에는 위도가 높은 곳에 가야만 오로라를 관측할 수 있어요. 이런 지역을 '오로라 존aurora zone'이라고 부릅니다. 오로라 존에서도 아무 때나, 어디서나 흔히 볼 수 있는 게 아니라서 오로라를 쫓아다니며 구경하는 '오로라 헌팅(사냥)'이란 여행 상품도 마련되어 있어요. 캐나다 북부는 오로라 헌팅의 대표적인 명소입니다.

캐나다로 오로라를 보러 가려면 채비를 단단히 해야 해요. 주로 가을과 겨울에 잘 보이는데, 냉대 기후와 한대 기후 지역이 대부분을 차지하는 캐나다 북부에선 그 시기에 무척 춥거든요. 특히 한대 기후에 속한 툰드라 기후 지역은 옷을 껴입어도 견디기 어려울 정도입니다. 캐나다의 가장 북단에 자리한 행정 구역 누나부트 준주Nunavut territory의 중심 도시 이칼루이트Iqaluit는 겨울에 기온이 -40℃ 아래로 떨어지기도 하죠.

하지만 이처럼 혹독한 환경에서도 끈질기게 살아온 사람들이 있습니다. 북극해 연안의 원주민인 이누이트Innuit입니다. 오로라를 보러 이 일대를 방문한다면 이누이트의 전통 먹거리인 '막탁muktuk'을 꼭 먹어 봐야 해요. 툰드라 기후에서 그들이 살아남는 데 큰 역할을 한 식품이니까요.

# 나무가 자라지 못하는 툰드라

쾨펜은 1년 중 가장 더운 달의 평균 기온이 10℃ 미만인 기후를 한대 기후로 분류했습니다. 한대 기후는 다시 두 종류로 나뉘는데, 가장 더운 달의 평균 기온이 0~10℃인 툰드라 기후와 0℃ 미만인 빙설 기후입니다. 물이 얼음으로 변하기 시작하는 0℃를 구분 기준으로 삼은 거죠.

남극과 그린란드 내륙에 나타나는 빙설 기후 지역은 한여름의 평균 기온이 영하이기 때문에 1년 내내 얼음과 눈이 녹지 않은 채 뒤덮여 있습니다. 그래서 식물도 자랄 수 없고, 인간도 거주하지 못했어요. 오늘날에는 남극 세종기지처럼 연구 등을 목적으로 만든 특수한 시설만 있습니다.

툰드라 기후는 비록 10℃ 미만으로 쌀쌀하긴 해도 얼음과 눈이 녹아내리는 짧은 여름이 있습니다. 기온 조건만 보면 서울의 3월과 11월 날씨가 툰드라 기후 지역의 한여름과 비슷하다고 할 수 있죠. 짧은 여름 동안에는 얼음과 눈이 녹아 축축해진 들판 위로 이끼와 풀이 자랍니다.

'툰드라tundra'는 북유럽 북부에서 러시아 서북부에 걸쳐 살아온 원주민 사미Sami인의 말로, '나무가 없는 땅'을 뜻하는 '툰다르'에서 비롯된 거라고 해요. 겨울이 워낙 춥고 긴 데다 땅속에

**이누이트 어민**

여름에도 녹지 않는 영구 동토층이 있어 나무가 자라지 못하죠. 설명을 덧붙이면, 한자로 '영구永久'는 '끝없이 계속', '동토凍土'는 '얼어붙은 흙'이란 뜻입니다.

　이런 기후에선 당연히 농작물을 키울 수 없었습니다. 원주민들은 주로 수렵, 어로, 채집을 하며 육식 위주로 생활했어요. 북아메리카 북극권에 사는 이누이트는 계절에 따라 이동하며 살았죠.

식량을 구하기 어려운 겨울엔 마을에 모여 살면서 몸집이 큰 고래를 함께 사냥하는 등 여러 사람의 힘이 필요한 일을 했습니다. 그러다가 땅이며 강, 바다가 녹는 여름이 되면 가족 단위로 뿔뿔이 흩어져 각자 먹거리를 구했어요. 그들은 '우미악umiak'이라는 큰 보트를 타거나 에스키모개(이누이트개)들이 끄는 썰매를 타고 아주 먼 거리를 이동했습니다.

눈으로 만든 이글루igloo는 이누이트가 겨울 동안 바닷가 사냥터에 마련한 임시 숙소입니다. 눈을 모아 단단하게 뭉친 뒤 짐승의 뼈로 만든 칼을 활용해 벽돌 모양으로 자르고, 차곡차곡 쌓아서 돔 형태로 동그란 건물을 지은 뒤 작은 출입구를 낸 것이죠. 보통 5~6명은 너끈히 들어갈 정도의 넓이였어요. 눈이 단열재 역할을 해 준 덕분에 안에 들어가면 따뜻했죠. 마을에서는 흙, 돌, 고래 뼈, 짐승 가죽 및 털 등으로 만든 움막에서 지냈고, 강물에 떠내려온 나뭇조각을 모아 집을 짓기도 했습니다.

## 고래로 지켜 낸 건강한 삶

이누이트는 바닷가에선 고래, 바다표범, 바다코끼리 등 해양 포유류와 북극곰, 각종 해산물을 주식으로 삼았고 내륙에선 순록,

연어 등을 잡아먹었습니다. 짧은 여름 동안에는 들판에 자라난 산딸기 종류의 열매와 풀뿌리도 열심히 먹었죠. 특히 고래는 더할 나위 없이 고마운 먹거리였습니다. 지방이 듬뿍 함유된 고래는 열량이 높은 식품인데요, 툰드라 기후 지역에선 극심한 추위에 떨며 몸의 열기를 계속 빼앗기기 때문에 고래고기는 이누이트가 체온을 유지하는 데 매우 도움이 되었습니다. 게다가 고래는 몸집이 워낙 커서 다른 동물보다 먹을 게 많았죠.

이누이트 남자들은 우미악을 타고 바다에 나가 작살로 고래를 사냥했습니다. 고래잡이에 성공하면 통째로 마을에 가져와 잔치를 열고 모든 주민이 골고루 나눠 가졌어요. 그들은 동물에 영혼이 있다고 믿어, 생존을 위해 사냥한 동물을 존중하는 차원에서 어느 것 하나 함부로 버리지 않았습니다. 뼈, 고기, 내장 등 모든 부위를 식품, 생활용품, 공예품, 무기를 만드는 데 활용했어요. 고래도 마찬가지였죠. 소고기처럼 붉은빛이 나는 살코기뿐만 아니라 고래의 피부와 피부 바로 밑의 지방도 식품으로 활용했는데, 이것이 막탁입니다.

막탁의 식재료가 된 고래는 흰고래(벨루가)와 머리에 뿔 같은 기다란 엄니가 달린 일각돌고래입니다. 둘 다 바닷물이 차가운 북극해에 서식합니다. 사실 고래고기는 한국, 일본 등 다른 지역에서도 예로부터 먹어 왔지만, 살이 아닌 고래의 피부와 지방층으로

**막탁**

구성된 막탁은 일반적인 먹거리가 아닙니다. 식감이 고무 같고 맛이나 향도 처음 접하는 사람에겐 거부감이 들 만큼 독특하거든요.

그런데 막탁은 의외의 효과를 발휘했습니다. 고래의 피부에는 비타민C, 피부 바로 아래의 두꺼운 지방층에는 비타민D가 풍부하기 때문이에요. 툰드라 기후 지역에서는 긴 겨울 동안 비타민C가 함유된 채소나 과일을 접할 수 없었습니다. 아울러 날씨가 워낙 추워 두꺼운 옷으로 온몸을 가리며 햇빛에 피부를 노출시키는 일이 적다 보니 비타민D 결핍에 시달리기 쉬웠죠.

이 문제를 해결해 준 먹거리가 막탁입니다. 이누이트는 막탁을 자주 먹은 덕분에 채소와 과일이 부족하고 햇볕을 쬐기 어려운 툰드라 기후 지역에서 건강하게 살아갈 수 있었어요.

## 기후 변화를 따라
## 북아메리카로

이누이트는 고래의 검은색 피부와 분홍색 지방층을 먹기 좋은 크기의 네모난 조각으로 썰어 막탁을 만들었어요. 끓는 물에 익혀 먹기도 했지만 주로 날것 그대로, 혹은 일주일가량 말려서 발효시킨 뒤에 먹었습니다. 고기를 익히면 비타민이 파괴되니 날고기를 먹는 게 영양 측면에서 유리했죠. 툰드라 기후 지역에선 나무가 자라지 않아 땔감을 구하기도 어려웠고요. 날씨가 워낙 추우니까 세균도 살아남지 못해 날고기를 먹어도 탈이 나지 않았어요.

그런데 이런 식습관 때문에 생긴 오해가 있습니다. 이누이트는 오랫동안 미국, 캐나다 등 영어권 국가에서 '에스키모Eskimo'라고 불렸는데요, 에스키모는 '날고기를 먹는 사람들'이란 뜻의 북아메리카 원주민 말에서 비롯했다고 알려져 왔습니다. 하지만 오늘날 이 주장은 근거가 모호하다고 지적받고 있어요. 아무튼 이누이트는 '에스키모'가 자신들을 비하하는 표현이라고 여겨 싫

**이누이트의 거주 지역(1500년경)**

어했습니다. 그래서 이누이트 말로 '사람들'을 뜻하는 '이누이트'
란 호칭을 사용하게 된 거죠.

아메리카 원주민과 이누이트의 조상은 마지막 빙하기(약 11만~
1만 2000년 전)에 아시아에서 아메리카 대륙으로 이주한 것으로 추
정됩니다. 빙하기에는 지금보다 해수면이 낮아 오늘날의 베링해
(시베리아 동북쪽 지방과 미국 알래스카 지방 사이의 바다)가 육지로 연결
되어 있었거든요. 원래 시베리아에서 살던 그들은 이후에도 꾸준
히 북아메리카 북부로 건너갔어요. 주식으로 삼았던 동물들이 기
후 변화 때문에 점점 동쪽으로 이동하자 쫓아간 거라고 해요.

이누이트와 아메리카 원주민은 유전적으로 같은 민족이었습니다. 다만 이주 시기와 정착 지역이 달랐기 때문에 언어나 문화면에서 차이가 났죠. 그러다 1977년 이누이트 북극권 회의ICC 결성을 계기로 러시아 시베리아 동북부 해안, 미국 알래스카, 캐나다 북부, 그린란드(덴마크령) 등 툰드라 기후 지역에 사는 약 18만명의 원주민을 통틀어 '이누이트 민족'으로 규정하게 되었어요.

대항해 시대 이후 영국, 프랑스 등 유럽의 백인들은 북아메리카 대륙을 침략해 식민지로 삼았고, 백인 주민들이 미국과 캐나다를 건국했습니다. 그 과정에서 수많은 아메리카 원주민이 살해당하거나 쫓겨나는 등 수난을 겪으며 인구가 빠르게 줄었죠. 반면 극지방의 이누이트는 19세기 중반까지 백인들과 거의 접촉하지 않았습니다. 툰드라 기후 지역은 견디기 힘들어 백인들이 가지 않았던 거죠. 그러나 산업 혁명 이후 각종 기계에 연료로 쓰인 고래기름의 수요가 급격히 늘자 상황이 달라졌어요. 백인들은 캐나다의 허드슨만과 북극해에 고래가 많이 서식하고 이 일대에 사는 이누이트가 고래잡이에 능숙하다는 점에 주목했습니다. 1870년부터 이누이트의 땅을 제멋대로 캐나다 영토로 삼은 뒤 원주민들을 고래잡이에 이용했어요.

# 백인과 서구 음식이
## 일으킨 재앙

백인과 만난 이누이트는 각종 전염병에 시달렸습니다. 따뜻한 지역에서 온 백인들이 천연두, 독감, 이질 등 극지방에선 발생한 적 없는 질환을 옮긴 거죠. 저항력이 없었기 때문에 수많은 이누이트가 이런 전염병에 걸려 죽었습니다. 술도 백인들을 통해 처음 접했는데, 알코올 중독에 빠져 사망하는 사람이 크게 늘었어요. 캐나다 서북부 북극해 연안의 매켄지강 하구에 살던 이누이트는 백인을 만나기 전까지 약 2000명에 이르렀으나 1910년엔 약 130명까지 줄었죠. 고래를 먹은 덕분에 추위를 이겨 내며 살아온 이누이트가 고래기름에 눈이 먼 백인들의 지나친 욕심 때문에 사라질 뻔한 것입니다.

이누이트가 사냥할 것이 없을 만큼, 백인들이 고래를 마구 잡아들인 것도 문제가 되었습니다. 막탁 등 고래에서 얻는 먹거리에 크게 의존해 온 그들은 생존을 위협받았죠. 석유가 새로운 연료로 떠오르면서 고래기름의 수요가 줄었지만, 이미 바다에서 고래가 거의 사라진 뒤였어요. 결국 많은 사람이 고향을 떠나 남쪽의 백인 사회에 합류해 순록 가죽을 팔며 생계를 이어 갔습니다. 공장이나 광산의 노동자로 취업하기도 했고요. 그러면서 이누이

**1953년과 1955년 이곳에 상륙한 이누이트를 기리는 동상** 캐나다 정부에 의해 배핀섬에서 북극해 근처의 엘즈미어섬으로 이주당한 이들을 위한 것이다.

트의 전통과 풍습은 점점 훼손되었죠. 1950년대에는 캐나다 정부가 퀘벡 북부의 이누이트를 북극해의 황량한 섬으로 강제 이주시키는 등 수난이 이어졌습니다.

차별과 핍박을 겪으며 민족의식에 눈뜬 이누이트는 세월이 흐르면서 차츰 권리를 찾았고, 캐나다 정부는 1999년 이누이트 자치령인 누나부트 준주를 설치했습니다. 누나부트는 이누이트 말로 '우리의 땅'이라는 뜻이에요. 하지만 새로운 고민거리가 생겼어요. 서구화된 식단과 생활 방식이 건강을 위협한 것입니다. 특히 빵, 과자, 햄버거, 소시지 등 '문명의 음식'에 길든 젊은 세대는 막탁 같은 전통 음식을 맛없다며 꺼렸죠.

막탁은 앞서 살펴본 것처럼 극지방 주민들에게 비타민C와 비타민D를 공급하는 중요한 먹거리입니다. 아울러 고래, 바다표범 등 그들이 대대로 먹어 온 해양 생물에는 '좋은 지방'이라 불리는 불포화 지방산과 오메가3가 풍부해 혈관을 건강하게 만드는데, 밀가루, 버터, 설탕이 듬뿍 들어간 서양 음식에는 '나쁜 지방'인 포화 지방산이 많습니다.

더구나 생활 방식이 달라져 많은 주민이 슈퍼마켓에서 식료품을 사 먹게 되었는데요, 옛날처럼 식량을 구하기 위해 온종일 돌아다니지 않게 되어 운동량이 부족해졌어요. 이처럼 식단이 바뀌고 몸을 덜 움직이자 비만, 당뇨, 충치, 심혈관계 질환, 비타민D 결핍으로 인한 구루병을 앓는 주민이 크게 늘었습니다. 암 발병률도 높아졌고요. 이누이트는 고유의 식문화를 민족 정체성처럼 여기기 때문에 이누이트 문화가 사라지는 상황에 대한 우려도 커지고 있습니다.

# 북극곰과 이누이트는
# 어디로 가야 할까?

기후 변화와 관련된 각종 자료에 거의 빠짐없이 등장하는 이미지가 있습니다. 좁디좁은 얼음덩어리 위에 불안하게 몸을 의지한 채 허공을 바라보는 북극곰의 모습입니다. 북극곰은 기후 변화의 상징처럼 여겨지기도 하죠. 지구 온난화로 북극해의 바다 빙하가 녹아내려 멸종위기에 처했기 때문이에요. 북극곰은 빙하 위를 돌아다니며 먹이를 구하거나 짝을 찾습니다. 그런데 얼음이 사라지는 바람에 바닷물에 들어가서 헤엄쳐 이동하는 시간이 늘었고, 먹이 부족으로 인한 굶주림과 극심한 체력 소모로 죽어 가고 있습니다.

얼음이 녹으면서 이 일대의 이누이트도 어려움을 겪고 있어요. 예전보다 소비량이 줄긴 했어도 주민들은 막탁과 같은 전통 먹거리를 여전히 많이 먹습니다. 고래, 바다표범 등 커다란 해양 동물을 함께 사냥한 뒤 나눠 먹는 풍습도 이어지고 있죠. 도시에서는 남쪽에서 가져온 소고기, 닭고기 등 육류와 채소, 과일 등 신선식품을 파는 가게가 생겼지만, 이누이트는 이런 것들을 마음껏 사 먹을 수 없습니다. 그들이 살고 있는 캐나다 북부에는 도로가 거의 뚫리지 않아 신선식품을 배나 비행기로 실어 오기 때문에 가격이 엄청 비싸거든요. 젊은 세대가 빵, 과자, 소시지 등 상대적

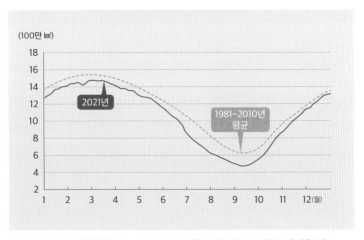

(100만 km²)

2021년

1981~2010년
평균

**북극해의 빙하 면적 변화(2022)** 북극곰은 물론 이누이트도 삶의 터전을 잃고 있다. ©NASA

으로 저렴한 가공식품을 많이 먹는 이유도 마찬가지입니다. 상황이 이렇다 보니 고래, 바다표범, 순록, 연어 등 지역 음식에 의존할 수밖에 없죠.

그런데 기후 변화로 북극해의 바다 얼음이 얇아져 사냥감을 쫓아다니는 게 위험해졌어요. 이누이트의 이동 수단인 스노모빌(앞바퀴 대신 스키를 단 자동차)이나 썰매의 무게를 견디지 못해 얼음이 깨지면서 사냥꾼들이 바다에 추락해서 사망하는 경우가 늘어난 거죠. 추운 환경에 적응해서 살아온 북극해 연안의 동물들이 따뜻해지는 기온과 해수온을 피해 자꾸 북쪽으로 옮겨 가는 것도 문제입니다. 이누이트 사냥꾼들은 위험을 무릅쓰고 예전보다 훨씬 먼 거리를 이동하며 익숙하지 않은 경로를 찾아다니고 있습니다.

영구 동토층이 녹는 것도 걱정거리입니다. 1년 내내 땅속이 얼어붙은 툰드라 기후 지역에선 냉장고를 따로 마련할 필요가 없었어요. 이누이트는 집 아래에 지하 창고를 만들어 막탁처럼 상하기 쉬운 먹거리를 넣어 두고 오랫동안 꺼내 먹었죠. 그런데 땅속이 따뜻해지면서 영구 동토층이 점점 사라지고 있습니다. 음식이 변질되는 것은 물론, 땅속의 얼음이 녹아 지하 창고에 물이 차오르거나 심지어 땅 꺼짐으로 집이 내려앉는 사고도 발생하고 있죠. 홍수 피해 역시 빈번하고요. 기후 변화가 북극곰의 서식지는 물론 이누이트의 삶까지 파괴하고 있습니다.

# 실제로 그린란드가 되어 가는 그린란드?

지구의 환경과 생태계를 망가뜨리는 기후 변화는 인류를 비롯한 모든 생물의 삶에 나쁜 영향을 끼치고 있습니다. 그런데 이 재앙을 오히려 기회로 여기는 곳이 있어요. 북극해에 자리한 덴마크 자치령(주권을 가진 독립국은 아니지만 자치권을 확보한 영토) 그린란드입니다.

세계에서 가장 큰 섬인 그린란드의 면적은 한국의 20배가 넘을 정도로 넓지만, 인구는 겨우 5만 8000여 명에 불과해요. 사람이 살기에 너무 춥기 때문입니다. 해안에선 툰드라 기후가 나타나고 섬의 약 85%에 해당하는 내륙은 1년 내내 얼음과 눈으로 뒤덮인 빙설 기후에 속하죠. 그래서 주민들은 짧게나마 여름이 있고 추위가 덜한 바닷가에 몰려 삽니다.

'그린란드Greenland'라는 지명은 '초록빛 땅'이란 뜻이에요. 눈과 얼음의 하얀색이 연상되는 툰드라 기후나 빙설 기후의 풍경과 영 어울리지 않는 이름이죠. 이런 지명이 생긴 데는 사연이 있습니다.

아이슬란드에 살던 바이킹 '빨간 머리 에릭'이라는 사람이 980년에 살인을 저질러 섬에서 쫓겨났습니다. 배를 타고 서쪽으로 가던 그는 982년 오늘날의 그린란드 땅에 도착한 뒤 자신의 터전으로 삼겠다고 결심했죠. 에릭은 고향 사람들을 데려와 함께 새로운 정착지를 건설할 계획을 세웠어요. 그래서 '얼음의 땅'이란 뜻의 아이슬란드보다 따뜻하고 살기 좋은 환경이란 점을 강조하기 위해 '풀이 자라는 초록빛 땅'이란 의미를 담아 '그린란드'라고 이름을 붙인 겁니다.

이 작전은 성공했습니다. 아이슬란드로 돌아온 에릭은 그린란드를 열심히 자랑했고, 많은 사람이 그를 따라나섰죠. 결국 986년 바이킹의 새 정착지인 그린란드가 탄생했습니다. 여기까지만 보면 에릭이 순전히 거짓말로 사람들을 현혹한 것 같은데, 꼭 그렇지만은 않다고 해요. 그가 그린란드 해안에 도착한 여름에는 눈이 녹아서 땅 위로 이끼와 풀이 자라나 초록빛이었으니까요. 아울러 7~12세기 그린란드 남부 지방은 지금보다 기온이 따뜻해 초록빛 땅을 보는 날이 좀 더 길었을 거라고 합니다. 하지만 13세기 이후 소빙하기에 접어들면서 그린란드에 극심한 추위가 몰아닥쳤고, 400~500명이 거주하던 첫 정착지의 주민들은 거짓말처럼 사라져 단 한 사람도 남지 않게 되었습니다.

툰드라 기후가 나타나는 그린란드의 해안은 겨울이 길고 무척 춥습니다. 또한 여름은 짧고 쌀쌀해 농작물을 키우기 어려워요. 주민들은 주로 바다에 나가 새우나 생선을 잡고 추운 날씨에 잘 견디는 양을 길러 생계를 이어 왔습니다. 그러나 기후 변화로 여름이 길어지고 빙하와 땅속의 얼음이 녹자 텃밭에서 감자, 토마토, 딸기 등을 재배하기 시작했어요. 그린란드의 전 총리 알레카 하몬드Aleqa Hammond는 기후 변화에 대

**그린란드의 여름** 바다 위에 여전히 빙산이 떠 있지만, 얼음이 녹는 양이 점점 더 늘어나고 있다.

해 "이미 발생한 거라면 최대한 활용해야 한다"라며 새로운 시각을 보여 주기도 했습니다. 눈과 얼음의 땅인 그린란드가 그 이름처럼 '진짜 초록빛 땅'으로 변할 거라는 기대가 커졌죠.

　그린란드를 두껍게 뒤덮은 빙하가 계속 녹아내려 땅이 드러나면 천연가스, 석유, 희토류 등 각종 지하자원을 채굴할 수 있다는 전망도 나옵니다. 얼음이 사라진 북극해를 통해 선박이 훨씬 쉽게 항해하며 해운업과 관광업이 크게 발달할 거라는 전망도 있고요. 이런 변화는 농산물의 생산량이 늘어나는 것과 비교할 수 없을 정도로 큰돈을 벌어들이겠죠. 그래서 기후 변화를 그린란드 독립의 기회로 보는 사람들도 있어요. 현재는 거의 모든 생필품과 식료품을 수입에 의존하며 덴마크 정부에서 매년 약 6억 달러의 지원금을 받아 지역 살림을 겨우 꾸려 가지만, 새로운 산업을 발전시켜 재정이 탄탄해지면 덴마크에서 독립해 자신들의 국가를 세울 수 있다는 거죠.

물론 희망적인 미래만 예견되는 건 아닙니다. 캐나다의 이누이트들과 마찬가지로, 북극해의 얇아진 바다 얼음 때문에 그린란드의 사냥꾼들이 사고를 당하는 경우가 늘고 있어요. 지하자원 개발과 해운업 및 관광의 발달이 청정 지역인 그린란드의 환경을 크게 망가뜨릴 거라는 우려도 나오고요. 실제로 우라늄 개발 움직임에 반대하는 주민들의 시위가 벌어지기도 했습니다. 지하자원이나 북극 항로를 둘러싸고 강대국들 사이에 다툼이 생겨 그린란드의 안보가 불안해질 거란 전망도 있죠. 기후 변화가 그린란드를 '초록빛 땅'으로 바꿔 줄 거라는 꿈은 과연 이루어질 수 있을까요?

태양의
제국과
함께한

고산H

멕시코
타코

한국 음식의 맛 하면 매운맛을 빼놓을 수 없습니다. 김치, 매운탕, 부대찌개, 제육볶음, 닭갈비, 낙지볶음, 비빔냉면, 떡볶이 등 한국에는 매콤한 먹거리가 헤아릴 수 없이 많고, 매운맛을 좋아하는 사람도 많죠. 오죽하면 '맵부심(맵다+자부심)'이란 말까지 생겼을까요. 그런데 한국 못지않게 맵부심이 강한 나라가 있습니다. 멕시코입니다. 유튜브에는 한국인과 멕시코인이 서로 매운 음식을 먹으면서 맵부심 대결을 벌이는 영상들도 있어요.

16세기에 멕시코 원주민의 인권을 위해 투쟁한 가톨릭 수도사 바르톨로메 데 라스카사스Bartolomé de Las Casas는 다음과 같은 글을 남겼어요.

"고추가 없으면 멕시코 사람들은 뭘 먹는다고 여기지도 않는다."

이미 수백 년 전에도 멕시코인의 맵부심이 남달랐다는 걸 알

**멕시코시티의 타케리아**

수 있는데요, 멕시코 음식도 한국 음식처럼 고추를 듬뿍 넣어 매콤한 것이 많습니다. 고추의 매운맛을 측정하는 스코빌 지수에선 멕시코 요리에 쓰이는 하바네로 고추(10만~35만 SHU)가 청양고추(4000~1만 2000SHU)보다 10배 이상 매운 것으로 나타났어요. 자극적인 매운맛을 즐긴다는 공통점 때문인지, 멕시코 음식은 한국인의 입맛에 잘 맞는 편입니다. 요즘에는 멕시코 음식 전문점을 전국 각지에서 흔히 접할 수 있죠. 이런 식당들의 메뉴에 빠짐없이 올라가는 게 바로 '타코taco'입니다.

멕시코의 전통 음식인 타코는 한국뿐 아니라 전 세계적으로 큰 사랑을 받고 있어요. 각지의 재료나 조리법과 만난 '퓨전 타코'도 끊임없이 나오죠. 하지만 본고장의 타코만큼 탁월한 맛을 내기란 쉽지 않습니다. 멕시코는 고대 아스테카Azteca와 마야Maya 문명이 남긴 유적을 비롯해 칸쿤, 로스카보스 등 아름다운 바닷가 휴양지도 있어 인기 높은 여행지인데요, 수도 멕시코시티에 가면 시내 곳곳에 즐비한 타케리아taquería(타코 전문점)에서 갓 만든 타코를 꼭 맛보세요. 여행의 피로가 싹 가실 만큼 입안 가득 매콤새콤한 행복이 번질 테니까요.

## 무엇이든 넣어 반으로
## 접어 보세요

타코는 여러 식재료가 어우러진 다채로운 맛과 식감이 매력적인 음식입니다. 옥수숫가루로 만든 둥글넓적한 토르티야tortilla 위에 고기며 해산물이며 채소, 양념 등을 넣고 접어서 먹어요. 메인

**아보카도, 토마토 등이 올라간 타코스 데 카르네 아사다**

재료에 따라 종류가 무궁무진합니다. 멕시코시티 사람들은 돼지고기를 넣은 '타코스 알 파스토르Tacos al Pastor'를 즐겨 먹고, 소를 키우는 목장이 많은 북부 지역에선 소고기 타코인 '타코스 데 카르네 아사다Tacos de Carne Asada'가 유명합니다. 그 밖에 닭고기, 염소고기, 양고기 등 다양한 고기가 타코의 재료로 쓰이죠.

칸쿤 같은 바닷가에선 새우, 생선, 문어, 게, 참치 등으로 만든 해산물 타코를 실컷 맛볼 수 있습니다. 옛날식으로 이구아나, 아르마딜로, 메뚜기를 넣은 타코를 먹는 지역도 있고요. 이런 메인 재료에 고수, 양파 등 향이 강한 각종 채소와 아보카도를 비롯해 토마토, 고추, 라임 즙 등으로 만든 살사소스가 더해져 매콤하고 새콤하고 고소한 풍미를 더합니다. 그러니까 맛이 없을 수가 없죠. 고기나 수산물이 단백질과 지방, 토르티야가 탄수화물, 채소가 식이섬유와 비타민을 공급해 영양 면에서도 균형이 잘 맞습니다. 상추, 호박잎 등 널찍한 채소에 밥과 고기, 마늘, 고추장이나 쌈장 같은 양념을 넣어 싸 먹는 한국의 쌈과 닮은 데가 있죠?

타코와 그 이름의 유래에 대해선 몇 가지 이야기가 전해집니다. 그중 하나가 멕시코 원주민 나와Nahua인의 말인 '틀라코'에서 비롯되었다는 주장입니다. 틀라코는 '절반', '반'을 뜻한다고 해요. 토르티야 위에 각종 재료를 넣어 반으로 접어 먹는 것에서 타코라는 이름이 나왔다는 거죠. 옥수수 토르티야는 수천 년 넘는 동안 멕시코 원주민들의 주식이었는데요, 한국인의 밥과 같은 역할을 했어요. 그래서 밥에 반찬을 얹어 먹듯이, 멕시코 원주민들이 옥수수 토르티야에 이런저런 재료들을 싸 먹던 풍습에서 타코가 비롯되었다는 주장도 제기됩니다. 물론 기록에 남아 있는 건 아니고 어디까지나 추정일 따름이죠.

옥수수 토르티야는 지금도 멕시코인의 주식입니다. 옥수수 생산량을 보면 그럴 수밖에 없겠구나 싶어 고개가 절로 끄덕여지

**멕시코의 주요 옥수수 생산지**

죠. 2019~2023년 연간 평균 생산량이 약 2642만 9000t으로, 멕
시코 농산물 생산량 2위인 수수(약 453만 8000t)보다 6배 가까이
많습니다. 멕시코의 영토는 한국의 20배 정도 되는데, 사막 기후
가 나타나는 일부를 제외한 대부분 지역에서 옥수수 농사를 짓고
있어요. 그래서 옥수수 토르티야는 타코 말고도 엔칠라다, 토스
타다, 케사디야, 칠라킬레스 등 여러 멕시코 음식의 재료로 활용
됩니다.

# 옥수수 토르티야,
# 문명을 일구다

토르티야 반죽을 만드는 옥수수는 멕시코를 비롯한 중·남부 아메리카가 원산지입니다. 대항해 시대에 이 일대를 침략한 스페인 사람들이 옥수수를 유럽으로 가져간 뒤 전 세계로 퍼지며 중국을 거쳐 한국에까지 들어온 거죠. 멕시코의 지형을 보면 동남부의 유카탄반도와 해안의 평야를 제외하고는 대부분 고원(평야보다 해발 고도가 높은 지대에 펼쳐진 넓은 벌판)과 산맥이 발달해 있는데요, 태평양과 인접한 멕시코의 산지에서 옥수수의 조상뻘인 테오신트teosinte가 자랐다고 합니다.

테오신트는 알갱이가 5~12알 정도밖에 달리지 않고 크기도 작아 옥수수보다는 들풀에 가까워요. 그런데 멕시코 원주민들이 테오신트를 심어 농사를 지으면서 알갱이가 많은 돌연변이가 나타났습니다. 이 돌연변이 품종을 꾸준히 개량해 오늘날의 옥수수가 탄생한 것으로 추정됩니다.

학자들은 테오신트가 옥수수로 바뀌면서 농경이 본격화되어 협동과 분업, 중앙 집권 체제와 같은 변화를 이끌었다고 봅니다. 옥수수는 쌀, 밀과 더불어 세계 3대 식량 작물로 꼽힐 만큼 생산성이 무척 뛰어나요. 재배 기간이 비교적 짧고 생산량도 많거든

**신의 곡물 테오신트** 맨 위에 있는 것이 테오신트다. 개량을 거듭하며 점차 지금의 옥수수 모양이 되었다.

요. 그래서 멕시코 일대에서 발전한 마야, 아스테카 등 고대 문명의 토대를 이룬 먹거리로 여겨지죠. 문명이 발달하려면 강력한 권력의 등장과 더불어 먹고살기에 풍족한 환경이 갖춰져야 하니까요.

마야의 신화를 정리한 16세기의 책《포폴 부The Popol Vuh》에는 세상을 만든 신이 옥수수 반죽으로 최초의 인간을 창조했다고 나옵니다. 그러니까 인류가 옥수수에서 비롯했다는 거죠. 아스테카 왕국은 옥수수의 여신 센테오틀Centeotl을 섬겼어요. 센테오틀에게 옥수수의 풍작을 빌며 사람을 제물로 바치는 인신 공양 의

식도 치렀습니다. 스페인이 멕시코를 침략하고 원주민을 가톨릭교로 개종시킨 뒤 이런 민간 신앙은 사라졌죠. 참고로, 오늘날 멕시코는 가톨릭 신자의 비율이 약 80%에 이릅니다.

그런데 멕시코 남부의 오악사카Oaxaca주에선 매년 7월 옛 풍습과 가톨릭교가 결합한 겔라게차Guelaguetza 축제가 성대하게 열립니다. 스페인에서 온 가톨릭 수도사들이 17세기 말 센테오틀 신전을 부수고 카르멘 성녀를 기념하는 성당을 짓자, 주민들은 센테오틀 대신에 카르멘 성녀를 숭상하며 옥수수 여신 축제를 이어 온 거죠. 물론 옛날처럼 인신 공양을 하지는 않고, 원주민 여성들이 참가하는 옥수수 여신 선발 대회 같은 행사가 열립니다. 이런 사실만 봐도 멕시코 사람들에게 옥수수가 얼마나 중요한 작물인지 짐작할 수 있습니다.

## 언제나 봄날 같은 따뜻한 날씨

멕시코 중부의 테오티우아칸Teotihuacán은 '태양의 피라미드', '달의 피라미드' 등 거대한 유적들로 유명한 고대 도시입니다. 그리고 그리 멀지 않은 곳에 아스테카 왕국의 수도였던 테노치티틀란Tenochtitlán(현재의 멕시코시티)이 있는데, 두 곳 모두 해발 고도가

**태양의 피라미드** 높이 66m, 한 변의 길이가 약 230m로 웅장한 규모를 자랑한다. 꼭대기에 태양신을 모시는 사당이 있다.

2000m 넘는 멕시코고원에 자리 잡고 있습니다. 이들 지역은 기온이 높은 동남아시아나 인도, 사우디아라비아 등과 비슷한 위도에 자리하는데요, 태양의 입사각(내리쬐는 각도)이 높아 좁은 면적에 태양 에너지를 많이 받기 때문에 원래는 더워야 정상입니다.

하지만 멕시코시티와 테오티우아칸이 자리한 멕시코고원 일대는 1년 내내 덥지 않고 온화한 날씨가 이어집니다. 위도가 비슷한 인도 뭄바이의 연평균 기온이 28℃인 반면, 멕시코시티의 연평균 기온은 14℃입니다. 아울러 여름과 겨울의 기온 차이가 겨우 6~8℃에 불과해요. 서울의 연교차가 28℃인 점을 생각하면, 계절에 따른 기온의 변화가 정말 적은 편입니다. 멕시코시티나 테오티우아칸은 해발 고도가 높은 곳에서 나타나는 고산 기후 지역이라서 이런 특징을 보여요. 인간이 활동하기 편하고 농작물이 잘 자라는 기후의 영향으로 일찍부터 옥수수 농경 문화와 고대 문명이 발달한 거죠.

그런데 산에 올라가면 왜 기온이 낮아질까요? 태양이 우주 공간으로 방출한 태양 에너지 중 지구에 도착한 것은 지표면에 빨려 들어갑니다. 계속 열을 빨아들이기만 하면 감당할 수 없을 정도로 뜨거워져 결국 땅이 녹아내리겠죠. 그래서 열을 받은 지표면은 그만큼의 열을 다시 땅 위로 뿜어냅니다. 이것이 복사 에너지예요. 한자로 '복사輻射'는 '사방으로 쏜다'는 뜻입니다. 땅이 사

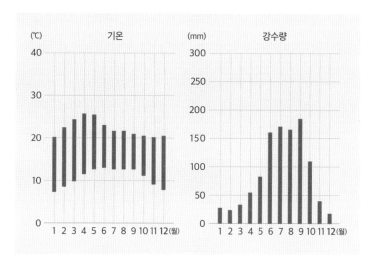

**멕시코시티의 기온 및 강수량(2023)** ©climate-data

방으로 쏜 복사 에너지는 해발 고도 0m 부근에서 가장 강해 기온을 오르게 합니다. 이런 원리로 해발 고도가 높을수록 복사 에너지가 약해져 기온이 낮아지는 거죠.

고산 기후는 미국의 지리학자 트레와다가 분류한 기후입니다. 쾨펜의 기후 구분으로는 멕시코고원, 안데스산맥, 히말라야산맥, 알프스산맥 등 지구 곳곳의 높은 산지에서 나타나는 독특한 기후의 특징을 다 담을 수 없어서 추가되었습니다. 고산高山은 '높은 산'을 의미합니다. 해발 고도 2000m 이상 지역에서 나타나는 기후를 고산 기후로 보는데, 한여름에도 높은 산에 올라가면 시원하게 느껴지고 해발 고도가 100m씩 높아질 때마다 기온이 보통 0.6℃가량 떨어진다고 해요. 높이에 따라 기온이 달라져 재배할 수 있는 농작물도 다양합니다. 멕시코의 음식 문화가 발달한 배경에는 기후 덕분에 식재료 종류가 풍부하다는 점도 한몫했어요.

고산 기후는 지역에 따라 열대 고산 기후와 온대 고산 기후로 다시 나누기도 합니다. 멕시코고원은 열대 고산 기후에 해당하죠. 열대 고산 기후는 항상 봄처럼 따뜻한 날씨가 계속된다고 해서 '상춘常春 기후'라고 부르기도 합니다.


## 유럽, 아랍, 미국까지…
## 변화무쌍한 타코의 세계

미국 장로교 여성 해외 선교사회가 19세기에 발간한 월간지 〈여성을 위한 여성의 사역Woman's Work for Woman〉 1895년 10월호에 멕시코시티 코요아칸 시장의 풍경을 다룬 기사가 실렸어요. 여기에 타코 노점상을 묘사한 내용이 있어 눈길을 끕니다.

그녀는 타코를 만들고 있었다. 조리하지 않은 토르티야를 손으로 집어 들고 펼치더니 그 속에 강판에 간 치즈, 잘게 썬 고기, 후추, 다진 마늘,

작은 양파를 넣었다. 그 토르티야를 돌돌 말아서 돼지기름이나 토마토를 섞은 돼지기름에 튀겼다. 멕시코에선 부자든 가난한 사람이든 가릴 것 없이 다들 이 음식을 좋아한다. 제대로 만든, 너무 양념이 강하지 않은 타코는 꽤 맛있다.

오늘날 우리가 먹는 타코와 비슷한 듯하면서도 조금 다르죠? 그도 그럴 것이 타코는 여러 나라와 지역의 식문화가 반영되면서 많은 변화를 겪었습니다. 앞서 살펴본 것처럼 토르티야의 재료인 옥수수는 고대부터 멕시코 원주민의 주식이었는데요, 타코의 주재료인 소고기, 돼지고기, 양고기 등 육류는 스페인 침략자들이 유럽에서 가축을 실어 와 목장을 운영하면서 먹기 시작했습니다. 고수, 양상추 같은 채소와 후추도 스페인 사람들이 가져온 거죠. 기름에 튀기는 조리법 역시 마찬가지입니다. 멕시코는 원주민과 스페인 사람의 혼혈인 메스티소가 인구의 다수를 차지하는데, 타코도 메스티소 같은 음식인 셈입니다.

특히 레바논 출신 이민자들이 아랍의 맛과 향을 더하면서 타코는 큰 변화를 겪었습니다. 레바논의 기독교 신자들은 이슬람교가 장악한 중동의 종교적 탄압을 피해 20세기 초 멕시코로 대거 이민을 왔는데요, 그들은 고향에서 먹던 샤와르마shawarma를 타코에 접목했습니다. 샤와르마는 튀르키예의 케밥에서 유래한 음

**타코스 알 파스토르** 긴 쇠꼬챙이에 세로로 쌓아 올려 천천히 구워 낸 돼지고기를 잘라서 올린다.

식이에요. 회전하는 커다란 꼬치에 양념한 고기를 겹겹이 쌓아 구운 뒤 큰 칼로 잘라 먹죠. 레바논 이민자들이 타코에 넣은 건 돼지고기 샤와르마였습니다. 돼지고기는 이슬람교의 금기 식품이라 고국에선 마음껏 먹기 어려웠는데, 가톨릭 국가인 멕시코에서 한풀이한 셈이죠. 아울러 멕시코의 옥수수 토르티야 대신 자신들의 입맛에 더 맞는 밀 토르티야로 타코를 변형했어요. 이 메뉴는 '아랍식 타코'라는 뜻으로 '타코스 아라베스tacos árabes'라고 불리다가, 세월이 흐르면서 다시 옥수수 토르티야를 쓰는 등 멕시코식 타코와 뒤섞여 '타코스 알 파스토르'가 되었습니다.

그런데 타코의 세계화를 이끈 것은 멕시코가 아니라 이웃 나라 미국입니다. 미국은 멕시코와 전쟁(1846~1848)을 벌여 원래 멕시코 영토였던 지금의 텍사스주, 캘리포니아주, 뉴멕시코주 등 서남부의 광대한 땅을 빼앗았어요. 이 지역에선 멕시코계 주민과 미국 백인의 문화가 어우러져 독특한 퓨전 문화가 발달했는데, 음식도 마찬가지였습니다. 특히 텍사스주에선 '텍스멕스Tex-Mex (텍사스와 멕시코) 요리'가 탄생했죠. 텍스멕스 타코는 밀 토르티야를 쓰고 큼직한 소고기 조각과 노란색 가공 치즈를 듬뿍 넣는 등 멕시코 타코와 다른 맛을 냈습니다.

이렇게 달라진 미국식 타코는 1962년 장사를 시작한 프랜차이즈 업체 '타코 벨Taco Bell'을 통해 미국 전역으로 퍼져 나갔어요. 이후 미국 문화가 전 세계 곳곳으로 파고들면서 햄버거, 피자 등과 함께 세계화되었죠.

## 멕시코 정부의 구름 씨 실험

멕시코 정부는 2020년 이후 매년 한 차례 이상 인공 강우 실험을 하고 있습니다. 인공 강우는 인간이 과학 기술을 동원해 비가 내리도록 개입하는 것인데요, 항공기나 로켓으로 구름 속에 요오드화 은, 드라이아이스 등 '구름 씨'가 되는 물질을 뿌려 구름 입자들이 서로 들러붙게 한 뒤 물방울로 떨어지게 만듭니다. 엄청난 자금이 투입되는 이런 실험을 하는 이유는 더위와 가뭄이 점점 심해지고 있기 때문입니다.

멕시코에선 고산 기후 지역인 멕시코시티를 비롯해 각지에서 열사병으로 사망하는 사람이 해마다 크게 늘고 있습니다. 멕시코시티는 원래 1년 내내 봄날 같은 상춘 기후가 나타나 에어컨을 설치한 집이 많지 않아서 인명 피해가 더욱 컸다고 해요. 2024년 5월엔 낮 기온이 34.7℃까지 오르며 역대 최고 기록을 갈아 치웠어요. 가뭄도 심각하고요. 2024년 상반기에는 강우량이 평년 대비 절반 수준으로 뚝 떨어졌습니다. 70여 년 만에 최악의 가뭄을

**메마른 과나후아토** 멕시코 중부 도시 과나후아토는 해발 고도가 2400m에 이르는 산봉우리로 둘러싸인 고산 기후 지역이다. 그러나 2024년 심각한 가뭄으로 댐의 물이 모두 말라 버렸다.

겪으면서 물 부족 사태가 이어졌죠. 멕시코시티의 여러 지역에선 수돗물 공급이 끊기는 사태까지 벌어졌어요.

　당연히 먹거리도 영향을 받고 있습니다. 주식인 옥수수의 재배량이 지역에 따라서는 절반으로 줄어들었어요. 옥수수는 가뭄에 잘 견디는 구황 작물로 꼽히는데도 워낙 강수량이 부족해 말라죽은 것입니다. 과일과 채소의 공급도 눈에 띄게 줄었어요. 더위를 못 이겨 가축이 떼죽음을 당하는 일도 종종 발생하고요. 그 결과, 식료품 가격이 치솟아 서민들의 생활이 어려워졌습니다. 가뭄과 물 부족 사태 해결은 2024년 멕시코 대통령 선거의 큰 이슈로 떠오르기도 했죠.

1100여 년 전 마야 문명이 갑자기 멸망한 것은 옥수수를 재배할 수 없을 정도로 극심한 가뭄이 계속 발생했기 때문이라는 연구 결과가 발표된 바 있습니다. 주식으로 먹던 옥수수가 부족해지자 사회적 혼란과 갈등이 심해져 결국 2000년 넘게 이어 온 문명이 파멸에 이르렀다는 거죠. 지금 우리 주변의 기후 변화 상황을 보면, "역사는 반복된다"라는 말이 더욱 불안하게 다가옵니다.

# 감자의 고향, 페루의 눈물

 페루에는 한라산(해발 고도 1950m)보다 훨씬 높은 해발 고도 2350m의 산꼭대기에 만들어진 고대 도시가 있어요. 잉카Inca 문명이 남긴 마추픽추Machu Picchu입니다. 웅장하게 치솟은 바위산을 배경으로 돌로 만든 집, 신전, 제단, 도로 등 고대 도시의 건축물과 계단식 밭이 절경을 자아내는 것은 물론, 역사적 가치가 무척 높은 유적이죠. 1983년 유네스코 세계 문화유산으로 등재된 마추픽추는 전 세계에서 많은 관광객이 찾는 페루의 대표적인 명소입니다.

마추픽추를 보러 가려면 기차도 타고 버스도 타고 무척 복잡한 경로를 거쳐야 합니다. 시간도 오래 걸리며 높고 험한 산꼭대기에 자리하고 있어 아무래도 접근하기가 쉽지 않죠. 이 불가사의한 유적은 1911년에 발견되었습니다. '공중 도시'라고 불릴 정도로, 아무도 모르는 산 정상에 숨겨진 덕분에 잉카 제국을 침략한 스페인 군대가 곳곳을 불태우고 무너뜨렸는데도 마추픽추는 비교적 온전한 상태로 남았습니다. 그런데 참 신기하죠? 올라가기도 힘든 고립된 산속에 누가, 왜 이런 도시를 세

**마추픽추** 페루 남부 쿠스코시 우루밤바 계곡에 있는 잉카 유적으로,
2350m 높이 고지대에 있다.

우고 살았을까요?

13~16세기에 번영을 누린 잉카 제국은 오늘날의 페루를 비롯해 에 콰도르, 볼리비아, 칠레 등 남아메리카 서쪽의 광대한 영토를 지배했습 니다. 제국의 중심지는 안데스산맥이었어요. 적도 부근에 자리한 페루 는 쾨펜의 기후 구분으로 무더운 열대 우림 기후가 넓게 나타나지만, 건 조, 온대, 한대 기후 지역도 있습니다. 최고 높이가 무려 약 6900m에 달 하는 산도 있는 안데스산맥이 서부에 남북 방향으로 길게 솟아 기온이 낮은 곳이 있는 거죠. 해발 고도가 높은 안데스 지방은 고산 기후 지역 이라서 봄처럼 따뜻하고 쾌적한 날씨가 1년 내내 이어집니다. 잉카 역 시 아스테카처럼 살기 좋은 기온을 유지하는 산 위에 제국의 터전을 마 련했던 겁니다.

멕시코의 아스테카 문명이 옥수수에서 비롯되었다면, 페루의 잉카 문명은 감자에 토대를 두었습니다. 안데스산맥의 고원 지대가 감자의 원산지이거든요. 감자는 서늘한 기후에서 잘 자랍니다. 안데스 지방은 연중 날씨가 선선해서 감자 농사를 짓기에 딱 맞는 재배 환경을 갖추고 있죠. 한국에서도 감자 하면 강원도를 떠올리는 것처럼요. 그러니까 안 데스산맥이 있기에 감자 농사가 가능했고, 감자를 먹을 수 있어 안데스 문명이 탄생했다고도 볼 수 있습니다.

잉카 사람들은 수확한 감자가 서리를 맞게 한 뒤 햇빛에 말리는 냉동 동결 건조 방식으로 '추뇨Chuño'라는 저장 식품을 만들었어요. 추뇨는 잘 썩지 않아 오래 보존할 수 있었죠. 잉카 제국은 병사들이 먼 지방에 나가서도 충분한 영양을 섭취하며 잘 싸우도록 추뇨를 군대의 식량으로

**추뇨** 페루, 볼리비아, 칠레 등 안데스 고산 지대에 거주하는 사람들의 주식이다.

삼았습니다. 방대한 영토를 점령하며 제국을 건설한 데는 감자의 역할이 컸죠. 잉카 제국을 점령한 스페인은 감자를 유럽에 가져갔는데, 유럽인들은 처음엔 생김새가 이상하다며 먹지 않았습니다. 하지만 구황 작물로 활용하기 알맞다는 점에 주목하면서 결국 독일, 프랑스, 아일랜드 등 곳곳의 먹거리가 되었고, 이후 감자가 전 세계로 퍼져 나갔습니다.

잉카 제국은 멸망했지만, 오늘날에도 감자는 페루 사람들의 식단에서 중요한 작물입니다. 페루에서 재배되는 감자의 품종만 3000가지가 넘는다고 해요. 다만 감자의 고향 페루에서 기후 변화로 인해 감자 수확량이 줄고 있어 걱정이 커지고 있습니다. 2023년엔 감자 생산량이 약 540만 t으로, 1년 전 약 600만 t에 비해 10%나 줄었습니다. 멕시코의 옥수수 흉작과 마찬가지로, 페루에서도 가뭄이 오랜 기간 지속되어 감자 농사를 망쳤죠. 거기에 더해 고산 기후 지역에선 거의 겪을 일이 없던 이상 고온까지 발생해 서늘한 기후에 잘 자라는 감자의 생장에 나쁜 영향을 끼쳤고 해충까지 들끓었습니다. 가뜩이나 빈곤에 시달리는 시골에서는 감자가 모자라서 굶주리는 주민이 크게 늘었다고 해요. 페루의 감자밭은 관개 시설이 거의 없고 빗물에 의존하다 보니 피해가 더욱 컸습니다.

1903년 노벨 화학상을 수상한 스웨덴의 과학자 스반테 아레니우스 Svante Arrhenius는 1898년에 이미 화석 연료 사용이 지구 온난화를 일으킬 거라고 전망했어요. 날씨가 엄청 추운 북유럽에 살아서 그런지, 시베리아에서도 농사를 짓게 될 거라며 그런 변화를 긍정적으로 봤지만요. 100년이 훌쩍 넘게 흐른 지금 아레니우스의 이론은 맞아떨어졌습니다. 그러나 희망은 잘못된 방향을 짚었다는 것이 드러났어요. 인류는 기후 변화로 인해 혜택보다 훨씬 큰 고통을 겪고 있으니까요.

# 참고자료

남원상, 《지배자의 입맛을 정복하다》, 따비, 2020.

박종관 외, 《고등학교 여행지리》, 천재교과서, 2021.

최병천 외, 《고등학교 세계지리》, (주)비상교육, 2018.

황병삼 외, 《고등학교 세계지리》, (주)금성출판사, 2019.

## 1    태양과 비가 만든 풍요로움 • 열대 기후 여행

### 궁극의 볶음밥 앞에 나타난 엘니뇨 • 열대 우림Af: 인도네시아 나시고렝

Barbara Sheen, 《Foods of Indonesia》, Greenhaven Publishing LLC, 2012.

Heather Arndt Anderson, 《Breakfast: A History》, AltaMira Press, 2013.

Heinz Von Holzen 외, 《Food of Indonesia》, Tuttle Publishing, 2015.

Tim Hannigan, 《Brief History of Indonesia》, Tuttle Publishing, 2015.

"Less rice for the same price: inflation bites Asia's food stalls", 〈Reuters〉,
    2022. 4. 14.

"Maluku farmers sweat El Niño drought as Indonesia rice prices surge",
    〈Mongabay〉, 2024. 1. 25.

〈인도네시아 개황〉, 외교부, 2019.


**폭우와 가뭄을 견뎌 낸 수프 • 사바나Aw: 태국 똠얌꿍**

Anthony Reid, 《A History of Southeast Asia》, Wiley, 2015.

Edward Barbier 외, 《Shrimp Farming and Mangrove Loss in Thailand》,
        Edward Elgar Publishing, 2004.

PingSun Leung 외, 《Shrimp Culture: Economics, Market, and Trade》, Black-
        well Publishing, 2006.

Porphant Ouyyanont, 《Regional Economic History of Thailand》, ISEAS
        Yosof Isak Institute, 2018.

Terry Tan, 《The Thai Table》, Marshall Cavendish Cuisine, 2008.

"Kitchen of the World gets reboot", 〈Bangkok Post〉, 2018. 5. 30.

"Recognition sought for iconic tom yum kung soup", 〈Bangkok Post〉, 2021.
        3. 24.

〈Cultural tourism-Ban Khun Samut Chin, Samut Prakan〉, 태국 정부 홈페이
        지: thailand.go.th

〈How To Make Tom Yam Kung, The Epitome Of Delicious And Nutritious
        Thai Cuisine〉, 미쉐린 가이드 홈페이지: guide.michelin.com

〈Tomyum Kung Thailand〉, 유네스코 무형 문화유산 홈페이지: ich.unesco.org


**고등어는 좋지만 ○○○○은 안 돼! • 열대 몬순Am: 인도 생선 커리 라이스**

Colleen Taylor Sen 외, 《The Bloomsbury Handbook of Indian Cuisine》,
        Bloomsbury Publishing, 2023.

Debasis Sahoo, 《Indian Gastronomy》, Blue Rose Publishers, 2021.

S. C. Bhatt, 《Land and People of Indian States and Union Territories: (in 36
        volumes)》, Kalpaz Publications, 2005.

"'Fish curry-rice' must be served in beach shacks in Goa: Govt", 〈The

Times of India〉, 2023. 10. 10.

"Climate change driving fish away from Goa: NIO chief", 〈The Times of
    India〉, 2023. 8. 2.

《State Action Plan for Climate Change for the State of Goa》, Goa State Bio-
    diversity Board, 2023.


카사바는 서아프리카 식탁의 구원자일까?

Andy Jarvis 외, 〈Is cassava the answer to African climate change adapta-
    tion?〉, 《Tropical Plant Biology 5(1): 9-29》, 2012.

## 2    사계절을 맛보는 법 · 온대 기후 여행

화창하고 순한 날씨의 선물 · 지중해성Cs: 이탈리아 나폴리피자

Christopher Cumo, 《Encyclopedia of Cultivated Plants》, Bloomsbury Pub-
    lishing, 2013.

Joann L. Coviello 외, 《Olive Production Manual》, Univ. of California, 2005.

Malcom Morris, 《Book of Health》, Cassell, 1883.

Mimi Sheraton, 《1,000 Foods To Eat before You Die》, Workman Publishing
    Company, 2015.

"Cost-of-Pizza Shock Hits Italy as Surge Far Outstrips Inflation",
    〈Bloomberg〉, 2023. 1. 26.

"Extra Virgin Olive Oil Makes Good Pizza Even Better, Researchers Find",
    〈Olive Oil Times〉, 2023. 1. 30.

"In climate fight, Europe's olive, wine farmers turn to tech and tradition",
    〈Reuters〉, 2023. 9. 14.

"Olive Oil Prices Jump 50% – And Climate Change Might Be Why", 〈Forbes〉,

2023. 9. 20.

"The Agronomic and Macroeconomic Forces Behind Olive Oil Prices in
  Italy", ⟨Olive Oil Times⟩, 2023. 11. 21.

"The Origins of the Olive Tree Revealed", ⟨Live Science⟩, 2013. 2. 6.

⟨Pomodoro San Marzano: Storia del pomodoro⟩, 산마르자노 술 사르노 지자
  체 홈페이지: comune.sanmarzanosulsarno.sa.it

나폴리피자 협회 홈페이지: pizzanapoletana.org

## 무더위엔 화끈 얼얼 패스트푸드 · 온대 겨울 건조Cw: 중국 탄탄면

J. Kenji López-Alt, ⟪The Wok: Recipes and Techniques⟫, W. W. Norton,
  2022.

Mark Kurlansky, ⟪Salt: A World History⟫, Penguin Publishing Group, 2003.

Min Ding 외, ⟪The Chinese Way⟫, Taylor & Francis, 2014.

Siegmar-W. Breckel 외, ⟪Vegetation and Climate⟫, Springer Berlin Heidel-
  berg, 2022.

Yinshi Juan, ⟪Diet⟫, ATF Press, 2017.

"In Sichuan, order twice-cooked pork and these 7 other Chinese dishes",
  ⟨CNN travel⟩, 2017. 10. 26.

"Sichuan peppercorn: A Chinese spice so hot it cools", ⟨BBC⟩, 2020. 11. 12.

"The history of Sichuan cuisine, why we love 'the burn' and its
  mouth-numbing feel, its therapeutic effects and where to eat it in
  Hong Kong", ⟨South China Morning Post⟩, 2023. 2. 10.

⟨Tracing the Origin: Hong Kong's Dan Dan Noodles⟩, 미쉐린 가이드 홈페이
  지: guide.michelin.com

쯔궁시 소금업 역사 박물관 홈페이지: zgshm.cn

청두 자이언트 판다 번식 연구 기지 홈페이지: panda.org.cn

팜파스의 소는 특별하다 • 온난 습윤 Cfa : 아르헨티나 아사도

Daniel K. Lewis, 《The History of Argentina》, Bloomsbury Publishing, 2014.

David Rocks, 《Argentina, 1516-1987》, Univ. of California Press, 1987.

Fiona Adams, 《CultureShock! Argentina》, Marshal Cavendish Editions, 2011.

Ian Goldin, 《Development: A Very Short Introduction》, Oxford Univ. Press, 2018.

James Gardner, 《Buenos Aires: The Biography of a City》, St. Martin's Press, 2015.

Jeff Salz 외, 《The Way of Adventure》, Fearless Books, 2011.

John Lidstone 외, 《International Perspectives on Natural Disasters: Occurrence, Migration, and Consequences》, Springer, 2004.

Laura Tedesco, 《Democracy in Argentina》, Taylor & Francis, 2013.

Mukherjee Anuradha, 《Longman Geography 7》, Pearson Education, 2008.

Muriel L. Dubois, 《Argentina》, Bridgestone Books, 2001.

R. Turner Wilcos, 《Folk and Festival Costume》, Dover Publications, 2011.

Richard W. Slatta, 《Cowboys of the Americas》, Yale Univ. Press, 1990.

Robert B. Kent, 《Latin America: Regions and People》, Guilford Publications, 2016.

Shirley Lomax Brooks, 《Argentina Cooks!》, Hippocrene Books, 2003.

Theodore Link 외, 《Argentina: A Primary Source Cultural Guide》, PowerPlus Books, 2004.

"An Expat Guide to the Asado, the Holy Grail of All Pleasures in Argentina", 〈The Wall Street Journal〉, 2015. 9. 28.

"Poverty in Argentina hits 20-year high at 57.4%, study says", 〈Reuters〉, 2024. 2. 19.

"We're the country of beef, but we can only afford chicken", 〈BBC〉, 2024. 1.

30.

〈Mapped: Meat Consumption by Country and Type〉, 비주얼캐피털리스트닷
컴 홈페이지: visualcapitalist.com.

〈아르헨티나 개황〉, 외교부, 2022.

글로벌프로덕트프라이시즈닷컴 홈페이지: globalproductprices.com

미국 농무부 홈페이지: fas.usda.gov

## 화려한 미식 문화의 꽃 · 서안 해양성Cfb: 프랑스 코코뱅

Andrew Lawler, 《How the Chicken Crossed the World》, Gerald Duckworth
& Company, 2015.

Elizabeth Schneider, 《Wine for Normal People》, Chronicle Books, 2019.

Robert W. Small 외, 《Beverages Basics: Understanding and Appreciating
Wine, Beer, and Spirits》, Wiley, 2011.

Rod Phillips 외, 《French Wine: A History》, Univ. of California Press, 2020.

Victoria Mas, 《The Farms to Table French Phrasebook》, Ulysses Press,
2014.

Virginia Willis, 《Bon Appetite, Y'all》, Clarkson Potter/Ten Speed, 2011.

"Climate change could make French wine taste better—for now", 〈National
Geographic〉, 2023. 10. 12.

"Climate Change Propels France To #1 Largest Global Wine Producer In
2023", 〈Forbes〉, 2023. 11. 11.

"Does Italy really produce finer wines than France?", 〈The Local fr〉, 2016. 4.
15.

"Everything You Need to Know About Pinot Noir", 〈Food & Wine〉, 2023. 9.
25.

"French Get Cuisine Shock as Cost of Coq au Vin Soars", 〈Bloomberg〉,
2023. 2. 20.

"How climate change is tweaking the taste of wine", 〈BBC〉, 2022. 9. 12.

"Why Europe's farmers are taking their anger to the streets", 〈BBC〉, 2024. 1. 27.

〈Gastronomic meal of the French〉, 유네스코 무형 문화유산 홈페이지: ich. unesco.org

〈The Climats, terroirs of Burgundy〉, 유네스코 세계 문화유산 홈페이지: whc. unesco.org

### 인공 과일을 향한 뉴질랜드의 도전

박성진, 〈뉴질랜드 수출 원동력 1차산업의 현황과 전망〉, Kotra, 2022.

"In the face of climate change and food insecurity, New Zealand considers lab-grown fruit", 〈The Guardian〉, 2023. 9. 7.

뉴질랜드 관광청 홈페이지: newzealand.com

## 3   가장 삭막하지만 가장 역동적인 · 건조 기후 여행

### 광활한 초원에 어서 오세요 · 스텝BS: 카자흐스탄 베시바르마크

Bryan Paiement, 《Liquid Dessert》, Red Lightning Books, 2023.

Chokan Laumulin 외, 《The Kazakhs》, Brill, 2009.

Gil Marks, 《Encyclopedia of Jewish Food》, Houghton Mifflin Harcourt, 2010.

Keith Rosten, 《Once in Kazakhstan》, iUniverse, 2005.

Muhammad Suwaed, 《Historical Dictionary of the Bedouins》, Rowman & Littlefield Publishers, 2015.

Nicky Huys, 《The History of Coffee》, Nicky Huys Books, 2024.

Paul Brummell, 《Kazakhstan》, Bradt Travel Guides, 2008.

〈Culture of Kazakhstan〉, 카자흐스탄 정부 홈페이지: www.gov.kz

〈Kazakh cuisine: regional variations of national dishes〉, 카자흐스탄 관광청
    홈페이지: kazakhstan.travel

〈카자흐스탄 개황〉, 외교부, 2019.

《Climate Risk Country Profile: Kazakhstan》, World Bank Group & Asian
    Development Bank, 2021.

월드노마드게임 홈페이지: worldnomadgames.kz


**오아시스가 빚은 달콤한 찹쌀 도넛 • 사막BW: 아랍에미리트 루카이마트**

Bassam Dahy, 《Date Palm & Carbon Footprint》, Khalifa International
    Award for Date Palm and Agricultural Innovation, 2024.

"Hot date: Will this tough desert fruit win the race with climate change?",
    〈Think Landscape〉, 2023. 10. 19.

〈Arabic coffee, a symbol of generosity〉, 유네스코 무형 문화유산 홈페이지:
    ich.unesco.org

〈In the footsteps of the Bedouins〉, 두바이 관광청 홈페이지: visitdubai.com

〈Luqaimat: The Iconic Emirati Dessert〉, 미쉐린 가이드 홈페이지: guide.
    michelin.com

《Value chain study: Date palm in the Arab region》, FAO, 2023.


전쟁에 기근까지… 시리아 피스타치오의 수난

Rajkumar Rajendram 외, 《Ancient and Traditional Food, Plants, Herbs and
    Spices Used in the Middle East》, CRC press, 2023.

Timothy G. Roufs 외, 《Sweet Treats around the World》, Bloomsbury Pub-
    lishing, 2014.

"The US and Iranian battle over the pistachio nut trade", 〈BBC〉, 2017. 10.
    26.

〈Ancient City of Aleppo〉, 유네스코 세계 문화유산 홈페이지: whc.unesco.org

《City profile: Aleppo》, UN Habitat, 2014.


## 4    얼음과 눈으로 덮인 땅 · 냉대 기후 여행

꽁꽁 얼어붙은 호수에서 낚아 올린 · 냉대 겨울 건조Dw: 러시아 훈제 오물

Alex La Guma, 《A Soviet Journey》, Lexington Books, 2017.

Andrew Collins, 《The Cygnus Key》, Inner Traditions/Bear, 2018.

Dawn Drzal, 《The Bread and the Knife》, Skyhorse Publishing, 2018.

Deborah Manley, 《The Trans-Siberian Railway》, Signal Books, 2011.

Graham H. Roberts, 《Material Culture in Russia and the USSR》, Taylor & Francis, 2020.

Igor V. Naumov, 《The History of Siberia》, Taylor & Francis, 2006.

James Minahan, 《Ethnic Groups of North, East, and Central Asia》, ABC-CLIO, 2014.

James Minahan, 《The Former Soviet Union's Diverse Peoples》, Bloomsbury Publishing, 2004.

Kate Pride Brown, 《Saving the Sacred Sea》, Oxford Univ. Press, 2018.

Marc Di Duca, 《Lake Baikal》, Bradt Travel Guides, 2010.

Peter Blandon, 《Soviet Forest Industries》, Taylor & Francis, 2019.

Peter N. Jones, 《American Indian MtDNA, Y chromosome Genetic Date, and the Peopling of North America》, Bauu Institute, 2004.

Richard A. Roth, 《Freshwater Aquatic Biomes》, ABC-CLIO, 2008.

Stephen Butt, 《Market Harborough & Around Through Time》, Amberley Publishing, 2013.

"Fish With an Indelicate Smell Is Siberian Delicacy", 〈The New York

Times〉, 2000. 5. 3.

"Siberians Fighting to Preserve Lake", 〈The New York Times〉, 1981. 12. 27.

"World's Deepest Lake Is in Deep Trouble", 〈Newser〉, 2017. 10. 19.

"World's deepest lake crippled by putrid algae, poaching and pollution",
　　〈The Guardian〉, 2017. 10. 19.

"'Worrisome and even frightening': Ancient ecosystem of Lake Baikal at
　　risk of regime change from warming", 〈Live Science〉, 2024. 3. 16.

〈Irkutsk Region〉, 러시아 연방의회 홈페이지: council.gov.ru

〈Lake Baikal〉, 유네스코 세계 문화유산 홈페이지: whc.unesco.org

〈Republic of Buryatia〉, 러시아 연방의회 홈페이지: council.gov.ru

《Building Climate-Resilient Fisheries and Aquaculture in the Asia-Pacific
　　Region》, FAO, 2017.

시베리아 횡단 열차 홈페이지: transsiberianexpress.net

**폭설을 다루는 지혜 · 냉대 습윤Df: 일본 루이베**

斎藤成也, 《核DNA解析でたどる日本人の源流》, 河出書房新社, 2023.

中川裕, 《アイヌ文化の大研究》, PHP研究所, 2018.

"川でサケ漁"アイヌ先住権訴訟 訴え退ける判決 札幌地裁", 〈NHK〉, 2024. 4.
　　18.

"ルイベってどういう意味？やっぱり道民は普通のサーモンよりコレでしょ",
　　〈HOKKAIDO LIKERS〉, 2021. 3. 12.

"国産サケが日本の食卓から消える？三陸で漁獲量が激減 原因は海の変化だ
　　った", 〈朝日新聞グローブ〉, 2023. 5. 28.

"北海道 幌加内で積雪深313センチ 道内最高記録を更新", 〈ウェザーニュー
　　ズ〉, 2018. 2. 24.

〈アイヌ民族とその歴史·文化の概要と地域内の地名の由来紹介〉, 일본 관광청
　　홈페이지: mlit.go.jp

〈ダイジェスト北の生活文化〉, 홋카이도 홈페이지: pref.hokkaido.lg.jp

〈ルイベ北海道〉, 일본 농림수산성 홈페이지: maff.go.jp

〈東京都の人権課題〉, 도쿄도 총무국 인권부 홈페이지: soumu.metro.tokyo.lg.jp

〈雪はどうしてふるの？〉, 삿포로시 홈페이지: city.sapporo.jp

〈札幌にはどのくらいの雪がふるの？〉, 삿포로시 홈페이지: city.sapporo.jp

〈幌加内(上川地方)平年値〉, 일본 국토교통성 기상청 홈페이지: data.jma.go.jp

《しゃりばり》55, 北海道立衛生研究所, 2003.

《北海道アイヌ生活実態調査報告書》, 北海道 環境生活部, 2017.

《雪学習NEWS》34, 札幌市, 2021.

《時をこえて十勝の川を旅しよう！》, 国土交通省北海道開発局 帯広開発建設
　　部, 2007.

삿포로 눈 축제 홈페이지: snowfes.com

홋카이도 아이누 협회 홈페이지: ainu-assn.or.jp

노르웨이 연어 떼죽음의 경고

"Adaptation to climate change: lessons from Norwegian salmon aquacul-
　　ture", 〈The Fish Site〉, 2020. 5. 8.

"Dying salmon trouble Norway's vast fish-farm industry", 〈Phys.org〉, 2024.
　　4. 30.

"Mass die-offs among farmed salmon on the rise around the world", 〈BBC〉,
　　2024. 3. 8.

"Salmon rules as Norwegian seafood exports hit new annual record", 〈Fish
　　Farmer〉, 2024. 1. 4.

"Sudden Decline in Salmon Growth May Signal Ecological Shift", 〈The
　　Scientist〉, 2022. 3. 4.

이누이트의 비타민 • 툰드라ET: 캐나다 막탁

Carl Skutsch, 《Encyclopedia of the World's Minorities》, Taylor & Francis, 2013.

Carmella Van Vleet, 《Amazing Arctic and Antarctic Projects》, Nomad Press, 2008.

Cherry Alexander 외, 《Inuit》, PowerKids Press, 2009.

Emory Dean Keoke 외, 《Encyclopedia of American Indian Contributions to the World》, Checkmark Books & Facts On File, 2009.

Janey Levy, 《Discovering the Arctic Tundra》, Rosen Publishing, 2007.

John Steckley, 《White Lies about the Inuit》, Univ. of Toronto Press, 2008.

Lisa Benton-Short 외, 《A Regional Geography of the United States and Canada》, Rowman & Littlefield, 2018.

Mark Nuttall, 《Encyclopedia of the Arctic》, Taylor & Francis, 2005.

Michael Burgan 외, 《Inuit History and Culture》, Gareth Stevens Publishing, 2011.

Peter Bjerregaard 외, 《Health Transitions in Arctic Populations》, Univ. of Toronto Press, 2008.

Rebecca Schiff 외, 《Health and Health Care in Northern Canada》, Univ. of Toronto Press, 2021.

"Alaska whaling communities pilot a project to keep traditional ice cellars frozen", 〈High Country News〉, 2023. 1. 30.

"Inuit in Canada, U.S. seek greater involvement in climate change decision-making", 〈Canadian Geographic〉, 2022. 8. 29.

"The Heavy Toll of Empty Calories: Nutrition as a Focus for Inuit Health", 〈Global Health NOW〉, 2018. 10. 25.

〈Inuit in Canada〉, Minority Rights Group 홈페이지: minorityrights.org

《Food Security across the Arctic》, Inuit Circumpolar Council-Canada,
 2012.

이누이트 북극권 회의 홈페이지: inuitcircumpolar.com

캐나다 관광청 홈페이지: travel.destinationcanada.com

실제로 그린란드가 되어 가는 그린란드?

William James Mills, 《Exploring Polar Frontiers》, Bloomsbury Publishing,
 2003.

"Climate change: Greenland's culture shifts as Arctic heats up", 〈BBC〉,
 2022. 10. 12.

"Greenland's Positive Spin on Climate Change", 〈Politico〉, 2023. 1. 19.

"Is Iceland Really Green and Greenland Really Icy?", 〈National Geograph-
 ic〉, 2016. 6. 30.

"The fight over Greenland's natural resources", 〈Deutsche Welle〉, 2021. 4. 9.

"What Would Greenland's Independence Mean for the Arctic?", 〈Council
 on Foreign Relations〉, 2023. 8. 10.

태양의 제국과 함께한 · 고산H: 멕시코 타코

Charles M. Tatum, 《Encyclopedia of Latino Culture》, ABC-CLIO, 2013.

Charles V. Heath, 《The Inevitable Bandstand》, Univ. of Nebraska Press,
 2015.

Christopher Cumo, 《Foods that Changed History》, ABC-CLIO, 2015.

David Sterling, 《Yucatán》, Univ. of Texas Press, 2014.

Eric Zolov, 《Iconic Mexico》, ABC-CLIO, 2015.

George C. Booth, 《The Food and Drink of Mexico》, Dover Publications,
 1976.

Michael Bazzett, 《Popol Vuh》, Milkweed Editions, 2018.

Michael Werner, 《Concise Encyclopedia of Mexico》, Taylor & Francis, 2015.

Nicholas Gilman, 《Good Food in Mexico City》, iUniverse, 2011.

Russel Maddicks, 《Mexico - Culture Smart!》, Kuperard, 2023.

Stephen Currie, 《Mayan Mythology》, Greenhaven Publishing LLC, 2012.

"Changing Climate and the May", 〈National Geographic〉, 2023. 10. 19.

"Drought's Grip on Mexico: A Looming Threat to Agriculture and Inflation Across Latin America", 〈Latin American Post〉, 2024. 2. 23.

"Mexico is about to experience its 'highest temperatures ever recorded' as death toll climbs", 〈CBC〉, 2023. 10. 19.

"Suffering drought, heat, blackouts, Mexicans head to the polls", 〈Reuters〉, 2024. 5. 30.

《Woman's Work for Woman: Volume X》, Woman's Foreign Missionary Societies of the Presbyterian Church, 1895.

미국 농무부 홈페이지 멕시코 요약: https://ipad.fas.usda.gov/countrysummary/default.aspx?id=MX

타코 벨 홈페이지: tacobell.com.my

감자의 고향, 페루의 눈물

Andrew F. Smith, 《Potato: A Global History》, Reaction Books, 2014.

Arun Lal Srivastav 외, 《Visualization Techniques for Climate Change with Machine Learning and Artificial Intelligence》, Elsevier Science, 2022.

Guy D. Middleton, 《Understanding Collapse》, Cambridge Univ. Press, 2017.

Himilce Novas, 《Everything You Need to Know about Latino History》, Penguin Publishing, 2007.

Max Bernhard Gutbrod 외, 《Trading in Air》, Infotropic Media, 2010.

Peter Blanken, 《Essentials of Water: Water in the Earth's Physical and Biological Environments》, Cambridge Univ. Press, 2024.

S. George Philander, 《Encyclopedia of Global Warming and Climate Change, Second Edition》, SAGE Publications, 2012.

"Drought by Day, Ice by Night: Extreme Weather in Peru's Andes Killing Crops and Leaving Families Hungry", 〈Save the Children〉, 2023. 12. 15.

"Potato Production in Peru Declines Due to Climate Vulnerability", 〈Latin American Post〉, 2024. 5. 31.